和猫咪小姐的
压力对话

一本人人都看得懂的心理解压图书

李世佳 著

上海科学技术文献出版社
Shanghai Scientific and Technological Literature Press

图书在版编目（CIP）数据

和猫咪小姐的压力对话：一本人人都看得懂的心理解压书 / 李世佳著 . —上海：上海科学技术文献出版社，2024
ISBN 978-7-5439-8869-9

Ⅰ. ①和… Ⅱ. ①李… Ⅲ. ①心理压力－心理调节－通俗读物 Ⅳ. ① B842.6-49

中国国家版本馆 CIP 数据核字（2023）第 237422 号

策划编辑：张　树
责任编辑：王　珺
封面设计：留白文化

和猫咪小姐的压力对话：一本人人都看得懂的心理解压书
HE MAOMI XIAOJIE DE YALI DUIHUA: YIBEN RENREN DOU KANDEDONG DE XINLI JIEYASHU
李世佳　著

出版发行	上海科学技术文献出版社
地　　址	上海市长乐路 746 号
邮政编码	200040
经　　销	全国新华书店
印　　刷	商务印书馆上海印刷有限公司
开　　本	787mm×1092mm　1/32
印　　张	9.625
字　　数	182 000
版　　次	2024 年 1 月第 1 版　2024 年 1 月第 1 次印刷
书　　号	ISBN 978-7-5439-8869-9
定　　价	58.00 元

http://www.sstlp.com

自序

不久前,一位中学生通过我经常撰稿的《中学生天地》杂志,向我问了一个问题:"未来,人工智能发展愈发成熟,虚拟世界愈发完美,由此我们会拥有更多属于自己的时间和空间——我们该去追求些什么呢?"

我告诉他/她:"人工智能能够帮助我们更快地获得需要的知识和技能,让很多繁琐的计算和思考过程变得快速和简单,这是一件非常棒的事情。但是人工智能并不能帮助我们达成心智的成熟,也无法一蹴而就地让我们拥有强健的身体。所以更多属于自己的时间和空间应该是让我们追求更成熟的心智和更健康的体魄。成熟的心智表现在更丰富细腻的情感,更灵活的情绪控制,更高效的压力管理和强韧的心理,更懂得如何欣赏和照顾自己,有更多的时间去欣赏和体验大自然,也有更多时间去帮助和照顾那些需要帮助的人。健康的体魄体现在健壮的躯体，更好的身体控制、平衡和柔韧性，优秀的体能和心肺功能，更强壮的免疫系统。即使人工智能帮我们节省了时间，我们需要做的事情也依然有很多。"

是的，人工智能能够帮助我们思考，但它不能代替我们思考。它就像是一个"巨人的肩膀"，帮助我们看得更高、想得更远，变得更加有创新性和创造力。更何况，人工智能还有很多帮不了我们的地方。它不能帮我们健身、不能帮我们吃饭、不能帮我们睡觉。它也许可以在我们生活的很多方面影响我们，但唯独在我们的身体控制、饮食和睡眠上，我们永远可以保有主动控制权——除非你放弃控制。这也是为什么这本书花了这么多篇幅来讨论这些相关问题。

我们在讨论心理健康的时候，往往忘记了心理健康和生理健康是相辅相成的。在我此前出版的《压力心理学》一书里提到过两个研究事实：针对日常烦心事的调查显示，人们在日常生活中花费更多时间焦虑的，正是自己的体重问题；针对青少年自尊的研究显示，虽然心理学家将自尊定义为多个维度，人们可以从多种活动中获得自尊，但儿童青少年的总体自尊却始终和身体外貌的自信程度密切关联。虽然我们可以将对体重的担忧看作是对健康的重视，但很多焦虑外表和体型的人（尤其是青少年）其实对身体健康的了解十分匮乏。诚然，临床定义的肥胖会带来很多健康问题，也是很多慢性疾病的风险因素。但过度追求轻体重和极低体脂率对健康更加有害。它不仅会造成营养不良、易疲劳、骨质疏松，也会对女性的生育能力造成极大的破坏。奇怪的是，随着人类文明的进步，饥饿在很多国家已经成为了历史，但进食障碍的发病率却越来越高。根据一篇[1]针对2007—2011年间美国调查数据建立的决策分析模型演算，到40岁时，男性患进食障碍的终身发病率约在14.3%，而女性则高达19.7%。为什么经济发展了，社会进步了，人类却不会好好吃饭了呢？

我们的睡眠质量也下降了。根据美国"睡眠基金"发布的数字[2]显示，大约有1/3的成年人睡眠不足，9%～15%的成年人患有失眠症；每10个工人中约有4.8个自述在白天经常感到疲劳，而每10个工人中有6.9个自述在一天的工作结束后感到疲劳。工业革命和技术进步让我们从很多体力劳动中解脱出来，也给我们创造了舒适的居住环境。没有战火纷飞，没有饥饿难耐，人类躺在各种弹簧的、乳胶的、泡棉的、椰棕的床垫上，却睡不着了！

那么，问题来了，是谁不让我们好好吃饭，又是谁让我们辗转难眠？是压力吗？但制造这些压力的又是谁呢？是那些铺天盖地暗示你"做不好体型管理就是懒和不自律"的减肥广告，还是为了生计不得不忍受的"996"呢？面对这些生活中

---

1 Ward, et al. (2019) Estimation of Eating Disorders Prevalence by Age and Associations With Mortality in a Simulated Nationally Representative US Cohort. JAMA Netw Open. 2(10): e1912925.

2 Suni et al. (2023) Sleep Statistics. Sleep foundation.

随处可见的"压力",我们真的毫无办法吗?

和压力有关的很多心理障碍,如抑郁症、创伤后应激综合症和焦虑症,都可能出现饮食紊乱和睡眠紊乱的问题。而受到慢性压力影响的人同样也会出现饮食问题和睡眠问题。但究竟是因为出现了心理障碍所以导致了饮食和睡眠问题,还是因为慢性压力影响下的饮食和睡眠问题给我们的健康造成了负担,所以我们更容易患上心理障碍呢?那么是不是吃得香睡得好的人,就一定不会受到压力的消极影响,也不会发展成心理障碍呢?

我很难回答这个问题。但有一点可以确定,很多减压的心理技巧都会强调活在当下,也会结合进食和休息进行心灵疗愈。人的身体活动都需要燃烧能量,而能量的获取和恢复全靠进食和睡眠——这两个我们每天都会进行的行为、也是最容易被我们忽视的行为,对维持我们的身体健康至关重要。如果它们出现了问题,那说明我们身上背负的压力已经过于沉重了。从这个角度来说,要想快速找到最适合自己的减压方法,就是看一看生活中有哪些习惯或事情在阻止自己好好吃饭、好好睡觉——找到它们,摆脱它们。

2023年是一个很特殊的年份;人类的集体记忆被新冠疫情影响了整整三年,这段时间我们的生活、学习、工作都发生了翻天覆地的变化,每个人都深深感受到被环境裹挟前行的压力。然后,离开了主流媒体好几年的话题"人工智能"突然闪亮登场，经济衰退阻挡不了技术的进步，新的压力陡然而生。也许在今后的日子里，伴随着科技的不断迭代和社会的不断变革，新的压力也会不断出现，适应这个不断变化的社会也会越来越难——那么普通人该怎么办呢？

中国古老的智慧"以不变应万变"也许正是答案。与其关注那么遥远的将来，为未来而担忧，不如着眼于当下。无论我们有着什么样的人生追求和奋斗理想，健康都永远是摆在第一位的。我们为压力感到苦恼，是担心压力损害了我们的健康，而不是害怕压力本身。真正有效的压力应对方式，是先了解压力对我们造成的影响，然后了解我们自身有哪些对抗压力的有效资源，再通过控制身体、维持和促进健康，以及管理好我们的情绪不要给生活捣乱，这就是应对一切压力的"万灵药"。

古人也说过，"知己知彼，百战不殆"。我们也要谈谈新时代的新压力，以及我们可以采取怎样新的压力应对形式。在最后一个章节里，你可能会对当下的环境有新的认识和感受。

我必须承认，相比于我的上一本书，我更加偏好这本书。上一本书是我作为一个压力研究者的总结和思考，它对压力所覆盖的领域更加全面，探讨也更加深入，更强调学术性。当然，这本书的学术性可一点儿也不差，你可能很少看到讲压力应对的科普书有这么多引用文献（大部分还都是最新的）。但这本书远不止是一本科普书，它也是我作为一个压力心理学研究者，在遭遇了人生中的重大创伤压力之后，努力使用我能够找到的所有压力应对资源，对自己进行心理自救和治疗的案例。我也尝试了一种我更加喜欢和擅长的写作方式，这次你会看到更多的我的"压力疗愈师"们的出场，希望这些穿插在压力解读中的小故事和她们活泼可爱的身影，带给你们更进一步的心理疗愈。

  这本书会让你更加了解压力，了解自己，也会教给你一些改善生活和情绪的小技巧，但我更希望看到的是，这本书能够引起你对于压力和生活的思考，能够让你更加珍惜和重视眼下拥有的一切。

  压力所讲述的，从来都不是关于威胁和失去的故事，而是珍惜和保重的故事。

李世佳

2023年6月20日

contents

目 录

自序 ·001—006·

故事的开始 ·001—004·

第一部分 压力和健康 ·005—057·

为什么我们会感到压力? ·007·

压力越大,越难以体验到幸福吗? ·016·

好压力真的存在吗? ·024·

压力和抑郁症有什么关系? ·030·

压力和焦虑症有什么关系? ·035·

压力会带来哪些生理疾病? ·041·

生命早期的压力事件可能会带来哪些健康问题? ·046·

压力会让我们衰老得更快吗? ·052·

第二部分　认识我们的抗压能力　·058—102·

抗压能力强是一种什么样的体验？　·060·

假如目标无法实现，我们该怎么办？　·067·

你有拖延症吗？　·071·

如何停止自我妨碍？　·075·

人们为什么会自我贬低？　·080·

为什么和人打交道会让我感到焦虑不安？　·085·

如何克服社交焦虑？　·091·

为什么我们无法化压力为挑战？　·096·

第三部分　管理我们的身体　·103—184·

压力如何影响我们的食欲和偏好？　·107·

饮食过度真的都是消极情绪害的吗？　·114·

过度节食有什么危害？　·120·

为什么你总是对身体不满意？　·126·

为什么我们对体重如此执着？　·131·

我可以不美吗？　·138·

如何积极/中立地看待我们的身体？　·147·

为什么抽烟喝酒减压法不可取？　·155·

为什么饮食管理也可以帮助压力管理？　·161·

为什么压力越大的人越需要提高睡眠质量？　·168·

为什么锻炼身体是最佳减压方式？　·176·

第四部分　管理情绪的简单法则　·*185—250*·

压力下为什么很难控制情绪？　·*187*·

如何通过正念感知我们的情绪？　·*194*·

有哪些方法可以帮助我们接纳情绪？　·*200*·

如何在独自面对压力时减少情绪痛苦？　·*210*·

如何释放我们的情绪？　·*219*·

如何将消极情绪转化为积极情绪？　·*229*·

太敏感是件坏事吗？　·*234*·

有必要人人都成为情绪管理大师吗？　·*242*·

第五部分　新时代，新压力，新挑战　·*251—295*·

今天你摸鱼了吗？　·*255*·

你被科技入侵了吗？　·*265*·

如何与我的智能手机"和平分手"？　·*274*·

我如何不被人工智能取代？　·*281*·

故事的开始

我在某天下班回家的路上捡到了一只小猫,它是一只长着中长毛的玳瑁猫,鼻梁上有一道泾渭分明的颜色分界线,左脸是橘色,右脸是黑色。它忽闪着绿宝石一样的大眼睛,很亲昵地在我的脚下来回蹭着。我一个心软,把它捡回了家——反正家里已经捡了3只流浪猫了,再多一只也无所谓。我给了她一个美丽的名字——蒂凡尼。接下来的几天,它和普通的小猫一样吃了睡,睡了吃,吃饱了偶尔和家里3只大猫追逐打闹一番,更多的时候则是蹲在窗台上,一动不动地望着窗外。

那段时间因为老家的父亲身染重疾,我不得不经常请假回家照顾家人,然后请关系比较好的朋友来家里照顾猫咪。朋友照顾得很好,猫咪们从来都不愁吃喝,但家里唯一的一只小公猫——奶牛猫小黑却整日郁郁寡欢。他在很小的时候被遗弃在大街上,过了很长时间的流浪生活,直到被我捡回家。他对我十分依恋,连睡觉都要看着我才能安心睡着,这次很长时间看不到我,敏感的小黑以为自己要再次被遗弃,于是患上了焦虑症。一旦开始担忧被再次遗弃的可怕可能性,他就会不停地舔自己肚皮上的毛,直到把自己舔的血肉模糊。我花了很长时间治疗他,他也不得不戴了很长时间的伊丽莎白圈。终于,小黑渐渐开始康复。

某天,正当我给躺在我怀里的小黑肚皮上涂药的时候,突然听到正懒洋洋躺在我身边沙发上的蒂凡尼幽幽开口道:"想不到连动物也会被人类传染了焦虑。"我吓得一个鲤鱼打挺站起来,小黑"喵"地叫了一声跑开。

"完蛋了,一定是这段时间工作压力太大了,我都产生幻觉了……"我冷静了一下,开始活动四肢和肩颈,想放松一下。

"你没产生幻觉,我确实会说话——而且我也不是一只普通的猫咪。我是从30世纪时间旅行回来的猫形人工智能机器人,是为了帮助我的小主人完成她的寒假作业。"蒂凡尼直起身子,摆出大猫伸展式的姿势,长长地拉伸了自己的腰背,然后坐在我面前,毛茸茸的大尾巴在空中摇摆出几道优雅的弧线。

我沉思了几秒,有点犹豫的问:"你的名字是不是叫哆啦A梦?"

蒂凡尼挠了挠胡须:"我知道你在盘算什么,但是很可惜,我没有次元口袋。我这次来只有一个任务,就是帮助我的小主人了解21世纪的压力。"

"压力?"说到这个话题,我来劲了,这可是我的研究领域,看来这只猫在未来的主人很懂得精准投放嘛。"你会来找我,难道是因为我刚出版的那本《压力心理学》会成为这个年代的最畅销书吗?是因为我今后会成为这个领域的大佬吗?"我望向蒂凡尼的眼神充满了期待。

"等我的任务完成了,你这段关于我的记忆就会被消除,我们计算过了,你对时

故事的开始

间线的影响微乎其微,所以你是最理想的人选。"蒂凡尼睁大了那双楚楚动人的圆眼睛,说出了最冷酷无情的话。

虽然有点扎心,我倒也不生气,毕竟我确实是一个没什么野心的人。

"而且你爱猫如命,你绝对不会把我出卖给什么研究机构的。"蒂凡尼跳下沙发,用脑袋蹭了蹭我的小腿,然后睁大了圆溜溜水汪汪的大眼睛看着我。

该死,他们真是对我的性格了如指掌。

接下来的日子里,蒂凡尼和我进行了很多针锋相对的讨论,最终我们确定了39个关于压力的问题,于是我和猫咪小姐的压力对话就这样开始了。

第一部分
压力和健康

"在30世纪,人类已经对压力这个词比较陌生了。我想你应该也可以猜到,因为我这样的人工智能和智能机器人将人类从繁重的工作中解放出来,很多原本困扰人类的事物都消失了。我的小主人最近正在阅读一些21世纪的旧文献,发现压力是一个十分高频的词汇,因此对它产生了兴趣。但即使阅读了很多书籍,没有亲历这个时代,还是很难理解这个时代的人类和压力的关系。这也是我会通过时间旅行来到这里的原因,只要出于学术的目的,并且不会对时间线产生影响,这样的旅行都是被允许的。不过关于未来,我也只能说到这里了,接下来,你给我讲一讲吧,为什么这个时代的人类都这么关注压力?"蒂凡尼一口气说了很长一段话,我盯着她小小的鼻尖,注意到她并不需要张嘴,声音就可以从

口鼻处响起,大概是脑袋里内置了什么发音装置。

不过这种观察并不会影响我回答的速度:"我想,首先可能是因为压力和健康的关系十分紧密吧。更准确地说,长期处在压力影响下的人更容易生病,或者很多压力本身就可能导致疾病。没有人想要生病,所以大家都会希望尽可能地避免压力。"

"这个时代的人类还真是脆弱啊。"蒂凡尼淡淡地说,然后撇了重新跳回我怀里的小黑一眼,"就跟这只肥猫一样。"

此刻的小黑正在专注地冲着我撒娇,并没有发现蒂凡尼的异样。只有我快要被压麻的双腿肯定着"肥猫"的评价。

"你们的时代真的一点压力都没有吗?"我实在按捺不住自己的好奇心。

蒂凡尼把前爪伸到嘴边,做了一个拉拉链的动作,然后一言不发地看着我。

"好的好的,你不能透露任何有关未来的事情。我知道啦。那就让我力所能及地回答你的问题吧。"

· 为什么我们会感到压力？

在《压力心理学：从大脑、个人成长到心理健康》[1]这本书里，我详细介绍过心理学界对"压力"这个概念的理解和认知的发展。压力的产生必不可少的首要因素是压力源（stressor）：环境中发生了变化，这种变化带来了危机，并被我们感知到威胁，因此我们会焦虑不安，情绪紧张，必须要做些什么来缓解这种焦虑的感受。因此，压力包括：要素一，可觉察到的压力源；要素二，对压力源和压力所带来的后果的感知和评估，这也是受个体差异影响最大的心理过程；要素三，躯体和大脑对压力的反应，它包括经历压力时的生理反应，以及压力经历对认知、情绪、行为等的改变。

在过去，压力（stress）这个英文单词在物理学中更加常见，虽然古代的学者们也认为人在承受压力的方面和物体有相似之处，但鲜有人从学术的角度对人类的压力问题进行深入研究——直到1932年沃尔特·坎农（Walter Cannon）在书中描述了人类在寒冷、缺氧和其他环境压力下的生理变化，并使用了"应激响应"（stress response）这个名词[2]。被尊称为"压力研究

---

[1] 李世佳，(2021) 压力心理学. 从大脑、个人成长到心理健康. 上海：上海教育出版社.

[2] Cannon. (1932). The wisdom of the body (2nd ed.). New York: Norton.

之父"的汉斯·谢耶（Hans Selye）认为，压力是我们的生理系统精心策划的防御机制，用来保护我们的身体免受环境变化所带来的伤害[1]。他把这种机制称为"一般适应综合征"，在面对突然降临的压力时，我们的身体会在短期内调集大量资源帮助我们应对，但当压力应对的时间延长或者新的压力同时出现，我们就很可能会自顾不暇，产生一系列适应性问题。而当我们的身体资源被耗尽，我们就会进入疲惫阶段，出现各种生理疾病，严重时甚至可能会导致死亡。

格伦·艾略特（Glen R. Elliott）和卡尔·艾斯多弗（Carl Eisdorfer）列举了四种常见的压力源：（1）急性的、持续时间较短的压力源，如看牙医，开窗时飞进一只苍蝇，或等待抽血时；（2）急性的、但影响时间较长的压力源，如离婚、丧亲或失业；（3）慢性的、间歇性的压力源，如期末考试、面对脾气不好的客户、定期接受比较痛苦的治疗等；（4）慢性的、持续发生的压力源，如慢性疾病、长期的婚姻不和、暴露于与职业有关的危险等[2]。要了解我们为什么会感受到压力，识别压力源应该是第一步、也是最重要的一步。但是往往，我们更加在意已经产生了压力感这个事实，以及压力感本身带来的各种生理和心理不适，而忽略了那些让我们产生不适的"真凶"——压

---

[1] Selye. (1950). The physiology and pathology of exposure to stress. Montreal: Acta.

[2] Elliot, et al. (1982). Stress and human health. NewYork: Springer.

力源。因此，我在《压力心理学》一书中花了整整一章的篇幅来详细介绍生活中那些常见的压力源，从创伤性压力源到慢性生活压力事件，再到日常烦心事。

但是，直面压力感并不是像侦探一样进行案件解密，更不是找到了压力源一切就尘埃落定了。压力事件只是一个导火索，决定人们产生怎样的压力感、身体反应和情绪后果的根源还是对压力事件的理解、评价和反应。查尔斯·斯皮尔伯格（Charles D. Spielberger）提到了物理威胁（Physical threats）和自我威胁（ego-threats）的区别[1]。物理威胁是诸如冷热、噪声、自然灾害等环境物理改变造成的压力，自我威胁则往往涉及一些社交情境的变化，这些变化对我们的人际交往、自我身份认同、自我评估等造成了威胁。面对物理威胁，我们的反应趋向一致，但是不同人格特质的人往往对自我威胁表现出不同的反应。例如，高特质焦虑的人相比于低特质焦虑的人，对于自我威胁更加敏感，反应也更强烈。

理查德·拉扎勒斯（Richard S. Lazarus）和苏珊·福克曼（Susan Folkman）主张强调压力经历中的主观因素，并在《压力、评价与应对》[2]这本书中尝试解释为何公众广泛地会对压力有兴趣。快速的社会变化可能是一个重要原因——在20世纪80年代，工业化的快速发展不仅带来了科技的日新月异，也让

---

[1] Spieiberger. (1966). Anxiety and behavior. New York: AcademicPress.
[2] Larazus. (1984) Stress, appraisal, and coping. Springer Publishing Company.

社会规范欠缺所导致的混乱状态与日俱增。这种充满了不确定性和未知的环境也给人们的三观带来了挑战，使得一些人丧失了自我认同感，在传统的精神支柱与新兴的思想观念之间不知所措。与此同时，物质的富裕让大部分人从生存的挣扎中解脱出来，开始寻求更高品质的生活——但何为高品质，是健康的体魄还是奢华的人生，怎样在生活中无处不在的消费主义漩涡中不迷失自己？依然是困扰很多人的难题。

一晃半个世纪过去了，工业化时代的社会规范还远远没有完善，网络时代和信息时代的浪潮已经裹挟着所有人高速向前——但前面提到的这些问题却远远没有解决。从2020年开始，全球化的新冠疫情把网络的使用推向了一个前所未有的高度。2023年，基于GPT-3.5架构的大型语言模型ChatGPT横空出世，在全世界掀起了"人工智能"的热潮。尽管ChatGPT反复坚称自己"并不是具有自我意识或情感的实体"，还是有很多人产生了马上就会被人工智能所取代的忧虑。似乎旧有的压力问题还没有完全被解决，新的压力问题又接踵而至。

环境中的变化往往都是可察可探的，很多压力源也都有着具体的形态。面对生活中常见的物理压力源和病理压力源，无论是隔壁装修噪声所带来的烦躁不适，还是新冠疫情所带来的的健康威胁，我们都很清楚这些到底是什么样的挑战，因此也可以采取一些方法来解决压力。例如，可以向物业投诉隔壁的噪声，可以直接找邻居协商施工时间，可以佩戴N95口罩避免病毒感染等。

但是，在我们这个复杂的社会里，还有一种更加棘手的心理压力源。它往往涉及人际关系，并可能是由物理压力源或病理压力源引起。例如，隔壁装修噪声带来了邻里关系不和，每天你来我往针锋相对；心理压力源再叠加社会压力，变成了心理社会压力源，压力瞬间从一个小喽啰转变成大怪物。拿最常见的心理社会压力源——公开演讲为例，无论是在课堂上回答问题，还是在好友的生日聚会上突然被叫起来致辞，让我们担忧的都不再是演讲本身，而是对演讲后果的忧惧。我们越是害怕出丑，越是担心丢脸，我们就可能变得越发笨拙。

拉扎勒斯认为：心理压力是人和环境之间的一种特定关系，个体评价其为超负荷的，或是超出自己的能力或资源所能够满足的范围，危及了自己的幸福感。这个概念看起来简单，但却包含了很多心理学概念。我们首先需要对环境有清晰的认识，才能够准确探测到环境到底发生了什么样的改变，会对我们造成什么样的影响。我们还需要对自己的能力和掌握的资源（包括可以向朋友求助的资源）有清醒的认识，才知道我们是否有能力应对和该如何应对。因此，我们的压力感受十分主观，因为我们只能通过自己的视角去评估环境和评估自己，我们对环境和自己的解读也可能离真相相差甚远。例如，你是一个悲观主义者，你就会无限放大环境中的威胁；你是一个习惯了自卑的人，你就会无限缩小自己的实际能力和资源。那么，你的压力感受自然就会变得很强，面对再小的压力源都可能方寸大乱。

拉扎勒斯认为压力感并不是环境需求与个体能力之间不平衡的客观产物，而更关键的是主观因素，也就是人们在经历压力事件过程中的一系列感知和评估。但理查德·特伦布尔（Richard Trumbull）和莫蒂默·阿普利（Mortimer H. Appley）则认为当真实的或感知的压力超过真实的或感知的个体应对能力时都会导致不平衡，因此客观的压力感同样存在，各种不同的生理、心理和社会压力所影响的生物、心理和环境过程都是值得研究的对象[1]。

1989年，史蒂凡·霍布福尔（Stevan E. Hobfoll）提出了压力的资源保护模型（Conservation of Resources Model），他认为人们生存的目标是努力保留、保护和建立资源，对他/她们构成威胁的是可能让这些有价值的资源出现潜在或实际损失的环境变化[2]。资源是被人们重视的目标、个人特征、条件或能量，以及能够实现这些的手段，例如财富、自尊、学习能力、社会经济地位、职业等。这些资源至关重要，一方面它们具有

---

1 Trumbull, et al. (1986). A conceptual model for theexamination of stress dynamics. In M. H. Appley & R. Trumbull(Eds.), Dynamics of stress: Physiological psychological and socialperspectives. New York: Plenum Press.
2 Hobfoll. (1989). Conservation of resources: A new attempt at conceptualizing stress. American Psychologist, 44(3), 513-524.

工具性价值，可以提高我们的物质生活质量，可以帮助我们完成目标，另一方面它们也提供象征性价值，能够帮助我们界定自我身份。霍布福尔将资源分为四种类型：（1）物品，指因为物理性质而被重视的资源，例如住宅；（2）条件，因为被重视和追求的程度而成为资源，例如拥有一份工作或婚姻；（3）个人特征，指积极的人格特质或心理资源，例如自尊、乐观和心理复原力，它们往往可以指向有益的个人成果；（4）能量，指那些本身不受重视，但可以用来获得其他重要资源的资源，例如时间和知识。

压力的产生和资源密切相关。人们会感受到心理压力，正是因为围绕资源可能存在下面三种危机：（1）出现了威胁到资源净损失的事件；（2）资源已经出现了净损失；（3）对资源进行了投资，却缺乏资源收益。这些感知到的和实际的损失或缺乏收益都很可能产生压力，因为它们很可能威胁到人们的身份、地位、经济稳定、关心的人、基本信念或者自尊。

资源保护模型认为，当没有遇到压力时，人们的首要目标是发展资源盈余，以抵消未来发生风险的可能性。当人们成功地发展出资源盈余，就能够体验到积极的幸福感；反之，人们就会变得比较脆弱，并以自我保护和预防资源损失为行为目标。人们也可能通过投资他人的资源来充实自己的资源，比如向亲朋好友甚至陌生人提供援助——当然对象不同，人们希望充实的资源也不同。人们总是会使用自己所拥有的的资源或从自己环境中获得的资源来尝试抵消资源损失或获得新资源。例如，人们在工作中投入自己的时间和精力，目的是将它们转化为其他更加珍贵的资源——譬如权力和金钱。而当面临压力时，人们往往会采取行动努力将资源的净损失降到最低；人们可能会变得保守和退缩，在情况不明确的时候选择不作为，从而避免更多的损失。但人们也可能会使用其他资源来尝试抵消净损失，资源的替换是一种常用的方法。例如，人们在某些情况下自尊受到了打击，可能会通过努力在其他地方重新获得自尊，可能通过操纵人际关系来获得他人对他/她们期望身份的支持——在极端不道德的情况下，有些人甚至可能通过打压其他人的自尊来提升自己的自尊。

  资源保护模型也能够解释为什么缺乏资源的人反而更容易受到额外的损失。本就资源匮乏的人很容易陷入"损失的螺旋式发展"，一方面资源在损失，会导致本就不足的资源很快所剩无几；另一方面阻止资源的继续损失也需要投入其他资源和获得其他的机会。而资源匮乏的人们可投入的资源和可选择的机会十分有限，人们很可能不得不去尝试那些成本高但成功概率小的机会来试图控制损失。如果他/她们不这样做，他/她们就有可能陷入无助和绝望的境地，但这样的做的后果，却可能是损失越来越多，于是压力也就越来越大。

总而言之，压力感源于环境中发生的变化（压力源），而不同的人面对相同的压力源会产生不同的压力感，这取决于我们对压力的认识、我们自身所拥有的资源以及压力对我们造成的影响。

~~~~~~

听我讲完，蒂凡尼打了个长长的哈欠："你们这个年代的学者废话还真多，一个很简单的问题居然要讲得这么复杂，引用这么多文献。"

我挠挠头："要给9个世纪以后的人做科普，我压力也大呀，当然要凸显我的专业性了，总不能给我同时代的学者丢脸呀。"

"引经据典和专业性是我们人工智能最擅长的事情，你也不用跟我们比了，毫无可比性。"蒂凡尼毫不留情地说，"用最通俗易懂的语言，讲述最科学理性的观点，这才能体现你的能力。"

"哦。那……我尽量试试看吧。"

·压力越大，越难以体验到幸福吗？

要回答这个问题，我们首先需要定义到底什么是幸福感。虽然社会对于幸福有一些约定俗成的理解，但幸福感应该是因人而异的。心理学家们常常用主观幸福感（subjective well-being）这个名词来形容一个人是否可以享受美好生活。通常情况下，喜欢自己所拥有的的生活、对生活的满意程度高的人也会体验到更高的主观幸福感。幸福感总是主观的，因为它取决于人们对自己生活的认识和有效的评价。主观幸福感较高的人能够在生活中体验到更多的愉悦情绪、保持更低水平的消极情绪和更高水平的生活满意度，也能够体验到较多的成就感，无论这种成就感来源于解决了一件家庭琐事，还是为社会做出了巨大贡献。

"幸福博士"（Dr. Happiness）埃德·迪纳（Ed Diener）是研究主观幸福感的权威之一，在《主观幸福感的科学》[1]这本书的开篇，两位编辑用了一整个章节来致敬这位"幸福博士"。有意思的是，迪纳在开始研究主观幸福感之前，他所关注的恰恰是人性中的黑暗面，例如攻击性和群体暴力。在迪纳准备改变研究方向的20世纪80年代，关于幸福感的研究大多都

---

1 Larsen, et al. (2008). Ed Diener and the science of subjective well-being. The science of subjective well-being, 1–13.

是调查描述，很少有结构性的进行科学定义和测量方面的工作。1984年，迪纳发表了一篇题名为《主观幸福感》[1]的综述性论文，截至目前这篇文章也创下了谷歌引用数22 205次的可观数字。

我们常常会主观地认为，一个人生活中体验到的积极情绪越多，感受到的消极情绪就越少，但事实可能并非如此。迪纳认为主观幸福感包含两种成分：一种是享乐成分，由生活中的积极情绪与消极情绪的比率表示；另一种是生活满意度，这是人们对自己生活的整体评价。享乐成分和生活满意度可能是独立的：一个贫困潦倒的艺术家在生活中很可能因为物质的匮乏而体验到更多的消极情绪，大多数时间可能并不快乐，但他/她对自己的生活有着坚定的追求和明确的理想，也对一时的不如意做好了充分心理准备，所以他/她依然可以对现状感到满意。对大多数人来说，享乐成分和生活满意度可能是高度相关的，人们获得了足够的快乐，也就会对生活更满意。

迪纳曾经讲述过一段学生时代的往事，他当时想要研究农场工人的幸福感，但是遭到了教授的无情拒绝。这位教授的反对意见充分诠释了当时西方所谓精英阶级的无知和傲慢，因为他认为首先幸福无法被测量，其次农场工人不可能是幸福的。

---

[1] Diener. (1984). Subjective well-being. Psychological Bulletin, 95(3), 542–575.

这次的小挫折反而给了迪纳更多动力，让他和合作者们开发了多种测量主观幸福感的量表工具。最广为人知的"生活满意度"量表[1]里只有5句话，然后根据人们对这5个陈述的认可程度进行评分。

1. 我生活中的大多数方面接近我的理想。
2. 我的生活条件很好。
3. 我对自己的生活感到满意。
4. 迄今为止我在生活中得到了想得到的重要东西。
5. 如果我能回头重走人生之路，我几乎不想改变任何东西。

对生活满意度这一主观感受进行解构是一件很有意思的事情：在现实生活中，对生活满意的人很少会去主动肯定生活中这些令人满足的方面，享受生活已经是和呼吸一样正常的事情；而对生活不满的人则更少会去肯定生活，他们的关注焦点都在那些引起他们不满的方面。量表的问题提供了正面思考和评价生活的五种切入点，如何证明我们对当下的生活满意呢？迪纳认为，最满意的状态就是我们正在过着理想中的生活、已经获得了我们认为重要的事物、也不需要进行任何改变。

---

[1] Pavot, et al. (1993). Review of the Satisfaction with Life Scale. Psychological Assessment, 5, 164–172.

迪纳的研究也发现，诸如心理健康和积极的社会关系这些因素虽然是达成幸福感的必要条件，但光是满足这些条件并不足以让我们获得幸福。不过幸福感高的人确实有一些共同特征，迪纳和"积极心理学"领域的重要人物马丁·塞利格曼（Martin Seligman）对比了大学生群体中持续认为自己幸福感最高的人与非常不快乐的人，发现幸福快乐的人群具有高度的社会性和健康稳固的浪漫关系，他/她们更加外向，更合群，情绪稳定性更高[1]。随后的研究[2]也发现，主观幸福感高的人更善于社交、表现出更多的利他倾向、更活跃、更能够接纳自己和欣赏别人，也有着更强壮的身体和免疫系统，以及更好的解决冲突的能力。从一个更加宏观的视角上看[3]，社会也可以从提高公民的幸福感中获得利益，因为幸福感高的公民会更加自发地促进社会和国家的治理，更有生产力，也能创造更多利润，他们可能更长寿，心理上和生理上也更健康。

压力看上去似乎和主观幸福感是矛盾和对立的概念。为什么这本讲述压力的书，第二小节就要聚焦在幸福感这个问题上？道理也很简单，科学和系统地理解压力的目的就是为了应对和管理压力，保护心理健康，从而提升每个人的幸福

---

[1] Diener, et al. (2002). Very happy people. Psychological Science, 13, 81–84.

[2] Lyubomirsky, et al. (2005). The benefits of frequent positive affect: Does happiness lead to success? Psychological Bulletin, 131, 803–855.

[3] Diener, et al. (2004). Beyond money: Toward an economy of wellbeing. Psychological Science in the Public Interest, 5, 1–31.

感。人们总是会更加关注那些不健康的问题,健康是正常状态,正常太容易被理所当然地忽视,于是我们总是在它"不正常"的时候才开始重视它。对心理压力的研究亦如此,在那段并不算长的压力心理学研究历史中,心理学家们花费了更多的时间关注压力对身心健康的磨损和撕裂,但人本主义心理学和积极心理学的流行提醒研究者们将关注点更多转向面对压力时的幸福感和复原力这两个重要的积极因素[1]。压力应对就好似浩海航船,我们当然需要在航行过程中不断检查船体是否出现故障并及时修复,也需要努力避免航道上的暗礁和漩涡,但更重要的是,我们需要一个航行的目标——压力应对中的积极因素正是可以指引方向的指南针。我们需要向着怎样的健康生活方式去努力,哪些积极的因素可以帮助到我们,这些对我们来说都是非常重要的压力应对资源。

现代化的生活带来了生活质量和主观幸福感的提升,但也带来了更多的时间压力、更快的节奏和更多的人际矛盾[2]。在迪纳看来,压力既影响健康,又影响人们的主观幸福感。通过对一个包含了从2005年至2018年间的来自168个国家、

---

[1] Folkman, et al. (2010) The Oxford Handbook of Stress, Health, and Coping, Oxford University Press.
[2] Ng, et al. (2022) Stress's association with subjective well-being around the globe, and buffering by affluence and prosocial behavior. Journal of Positive Psychology, 17(6): 790–801.

超过200万人的数据库进行分析,他和同事们证实了较高的压力感确实和主观幸福感中较低的积极情绪和较高的消极情绪关系更为密切。影响生活满意度的因素比较多,但压力感的强烈程度并不会妨碍我们对生活依然感到满意——"压力山大"的生活方式并不一定会给我们造成更多的不满,尽管我们可能并不快乐。对于经常进行亲社会行为的人来说,压力和主观幸福感之间的关联也不强烈。亲社会行为是指人们在和他人互动的时候表现出关心、帮助和支持的行为,这些行为的出发点往往是基于对他人利益和福祉的关心,而不仅仅是为了自己的利益。例如向需要帮助的人进行匿名或非匿名的捐赠,向别人分享自己的知识技能,与别人合作从而共同获得利益和达成目标等,都属于亲社会行为的范畴。亲社会行为和幸福感之间很可能有关联,例如将钱花在别人身上的人相比于给自己花钱,自我评估的幸福感更高。即使是执行简短的、一次性的随机善意行为(例如,帮别人开门、馈赠食物等)都可能带来显著的积极情绪,提高生活满意度,并降低消极情绪。

在降低压力对主观幸福感的负面影响方面,亲社会行为很可能提供了一种重要的缓冲作用。霍布福尔在对资源保护模型的修订中[1]提到了社会支持是一种十分有价值的资源,它是实

---

[1] Hobfoll. (2002). Social and psychological resources and adaptation. Review of General. Psychology, 6(4), 307–324.

现其他资源的手段或载体。社会支持能够为个人提供情感、情绪、工具性和物质等多方面的资源,正如中国一句古语所说,"聚沙成塔,集腋成裘";一个人面对压力可能是无助而弱小的,但相互扶持的一群人却更有可能解决压力问题,或是减少压力对单人的伤害。而亲社会行为是获得社会支持的最重要途径。

诚然,在大多数情况下,压力越大,我们越容易遭遇困境和挫折,越容易深陷在消极情绪的泥潭里,越难以有享受快乐的"奢侈"。这些逐渐积累的消极情绪也会挫伤我们对生活的满意度,从而越不容易感受到幸福。但压力难以消解,却并不意味着我们从此就与幸福无缘。在很多因为客观环境恶劣导致生活艰苦的地方,我们却常发现人们的关系很密切,邻里关系很融洽,相扶互助的事情也屡见不鲜,人们也普遍会花更多的时间来努力改造生活以获得更多的幸福感——更重要的是,他/她们更加珍惜眼前的幸福。无论人性有多少让人感到灰心丧气的阴暗面,亲社会行为的出现却总是能够让我们重获对身边的人信心。发自内心的善良、对他人的理解和关爱、对施以援助之手的陌生人的由衷感激、善意的不断传递、对公平公正的无私守护,这些都是让我们在充满压力的人类社会中,依然能够享受到幸福和满足的最重要因素。毕竟,作为人类长期社会化生活的进化产物,没有比生活在一个充满良善的安全社会中这个事实,更能够让我们感到幸福和满足的了,不是吗?

~~~~~~

蒂芙尼伸出前爪,舔舐着小小的肉垫:"人类真的很麻烦,我们猫咪就简单多了,有饭吃有觉睡有太阳晒,就是世界上最幸福的小猫咪。"

"但是你又不是猫……"我好心提醒她。

"但是你也不是我,你怎么知道人工智能猫咪的幸福和碳基猫咪的幸福不一样呢?"蒂芙尼眯缝着眼睛看向我,我无言以对。

· 好压力真的存在吗？

是的，早期的心理学家们认可"好压力"的存在，并且赋予了它一个专有名词——良性压力（eustress），这个词正是"压力研究之父"谢耶在1956年提出来的[1]。与之相对的是"恶性压力"（distress），是压力中除了良性压力以外的部分。

在谢耶1976年回顾自己研究压力的40年生涯的论文中[2]，他描述了两种压力的区别：躯体对于外界环境变化所产生的反应大多数情况下都是"非特异性"的，也就是压力的生理机制总是十分类似的。虽然在压力反应的初期，身体的变化相对来说都是适应性的，但随着压力反应的持续或多重压力的出现，我们的生理资源逐渐耗竭，导致一系列适应不良的问题，最终可能会导致疾病甚至死亡。从理想的、非特异性的、相对适应性的压力反应向特异性的、适应不良的压力反应的过渡，最重要就是"快乐"和"痛苦"的区别。前者是受欢迎和健康的，后者是不受欢迎和致病的。

谢耶甚至还以自己来举例。在西方文化中常常把喜欢追求

---

[1] Selye. (1956). The stress of life. McGraw-Hill.
[2] Selye. (1976). Forty years of stress research: principal remaining problems and misconceptions. Can Med Assoc J. 115(1): 53−56.

冒险的急性子的人称为"赛马型"（race-horse type），而随和、没有什么竞争意识的慢性子则被称为"乌龟型"（turtle type）。在迈耶·弗里德曼（Meyer Friedman）和雷·罗森曼（Ray Rosenman）的研究中[1]，这两类人被标记为A型人格和B型人格，A型人格的人总是急性子和不耐烦，有着比较高的竞争动机，会主动寻求高压力和高成就的生活工作方式，人际交往中总是带有不同程度的敌意（细微的事件就可能触发暴躁、愤怒情绪）；而B型人格则处处相反，过着比较放松和"佛系"的生活。弗里德曼等人的早期研究证实了A型人格的人比B型人格的人有着更高的心血管疾病发病风险。谢耶认为，压力生活是否会导致心血管疾病，有很重要的遗传倾向，例如A型人格；对于像谢耶自己一样生来就带有这种烙印的人来说，面对压力并不是毫无希望，重要的是活着，将自己的苦恼转化为轻松的心情——这样恶性压力就可以转化为良性压力。

谢耶提到，"压力是生活的盐。"我们无法压制所有形式的压力，也很少有人愿意过着没有任何体力活动、没有运动、完全不出错、毫无意外惊喜的生活；完全消除压力，意味着完全停止身体功能，包括心血管、呼吸和神经内分泌系统——等同于生命体的死亡。但我们的身体也不能无休止地

---

[1] Friedman, et al. (1959). "Association of specific overt behaviour pattern with blood and cardiovascular findings". J. American Medical Association. 169 (12): 1286–1296.

运作,定期的休息是不可避免的。我们的目标是减少痛苦、促进快乐、完成我们认为有价值的任务、产生满意和满足的感觉。在某些情况下,用一些相对强烈的压力源对身体进行适度刺激(例如,体育锻炼、冒险、蒸桑拿、洗冷水澡等),也可以提高躯体免疫力、增强体质、帮助身体努力克服适应性疾病,带来更多的益处。

近些年来,心理学家们对于"好压力"和"坏压力"的说法变得更加谨慎。对于心理学家来说,"压力"这个词既包含了压力源,也包含了压力的过程和后果,还需要考虑不同人面对压力的不同想法和反应。但加上了"好坏"的限定词,似乎就是在限定性地给压力源打上标签和印记:这件事是好事,所以是好压力;那件事是坏事,所以是坏压力。但现实并没有这么简单。良性压力和恶性压力更强调的是压力带来的后果,而不是对压力事件本身进行定性。决定良性还是恶性的压力后果的也主要是压力的程度和强度,以及人们面对压力的态度,而不完全是压力源的自身属性。

2021年一项关于新冠疫情压力的研究也许最能说明这一点。梅里诺(M. Dolores Merino)等人从资源保护理论的角度探讨了良性压力和恶性压力的心理后果[1]。资源保护理论的基本

---

[1] Merino, et al. (2021), What makes one feel eustress or distress in quarantine? An analysis from conservation of resources (COR) theory. Br J Health Psychol, 26: 606–623.

原则认为，人们努力维持、保护和建设资源，而快乐（良性压力）取决于获得了资源，苦恼（恶性压力）取决于失去了资源。以新冠疫情期间的隔离压力为主要压力源，梅里诺等人调查了839名西班牙居民（7成女性），发现在面对同样的压力源时，活力（vitality）得分更高的人群比得分低的人更可能体验到较多的积极情绪。活力不仅仅是人们感觉自己活着或更活跃，也意味着人们对自己所做的事情感到更高的参与度、关联和兴奋性，即使是被隔离在家承担家务劳动时。此外，好奇心、自尊和环境控制也能够在一定程度上缓解压力带来的消极情绪。

梅里诺还有一个有意思的发现，那就是在居家期间，在体育活动方面投入更多时间的人，比那些投入时间少的人，更有可能体验到良性压力。2022年上半年健身教练刘畊宏的频繁上热搜，以及线上居家锻炼的兴起，也许就是这个研究发现的现实写照。也有一些因素与疫情隔离期间西班牙人体验到更多恶性压力有关，例如对工作的担忧和较低的工作满意度。对于那些不得不在家工作或照顾家人的人来说，工作受到干扰或者工作时间太长，也可能造成心理困扰。家庭可用空间不足也是不得不居家的人所面临的现实苦恼。

这些都说明，单纯把压力事件定义为好或坏意义并不大，尤其是那些我们很难避免的压力事件。我们总是希望生活中出现更多好事，不要出现坏事，但我们并不能够控制这些客观现实,更不可能未卜先知,乘坐时间机器回到过去让这些事件不要发生。诚然,我们可以从每次压力事件的经历中总结经验,做出一些努力阻止某些不好的压力事件在将来再次出现;但很多复杂的压力事件却并不会因为个人的意志而改变。此外,我们也很难根据事件的后果来给一个事件打上永恒的标记,因为后果很可能是随机的。强烈反对使用良性压力和恶性压力这两个名词来区分压力的朱莉·比内托娃-瓦斯库(Julie Bienertova-Vasku)举了这样一个例子[1]:

"一位25岁的男子在游乐场玩过山车,但他并不知道自己脑中有一颗动脉瘤,而惊险刺激的游乐经历所带来的强烈身体反应导致了这个动脉瘤破裂并最终致使男子的生命终结。虽然过山车的经历本身是愉悦和令人兴奋的,但对这名男子来说它的后果是灾难性的。对于大部分人来说,过山车是一个好压力;但是对这位男子来说,它无疑是坏压力。"

因此,对压力事件本身进行简单的"好坏"价值判断并不能帮助我们控制压力事件的发生和发展;我们能够真正控制的,是当一个压力事件发生之后,我们看待它的态度、适应它的方法和对自己生活负责的做法。在应对和解决压力的过程中,会产生良性还是恶性的后果,我们是被动地承受压力的负

---

[1] Bienertova-Vasku, et al. (2020) Eustress and Distress: Neither Good Nor Bad, but Rather the Same?. BioEssays. 42, 1900238

担,还是主动地积极想办法去改变结局的走向呢?即使在最被动的情况下,即使无力改变环境,我们仍可以尝试改变自己的情绪和看待问题的角度,把自己所承受的消极影响降到最低。这才是所谓的"好压力"和"坏压力"的真正区别。

正如谢耶所说:"压力不是发生在你身上的事情,而是你对它的反应。"

"确实。"蒂芙尼露出一副沉思的表情,"人工智能刚刚出现的时候,人类世界也是充满了反对和怀疑,认为这是碳基文明被取代的前兆,就好像我们是坏压力一样。"

"那么你们现在变成好压力了吗?"我赶紧问。

蒂芙尼却轻哼了一声:"想套我的话,没那么容易。"

于是这个话题在沉默中结束了。

· 压力和抑郁症有什么关系？

压力与抑郁症之间存在紧密关联是一个学术界的共识。康斯坦斯·哈门（Constance Hammen）在2005年的综述[1]中提到，和健康群体相比，抑郁症患者在重大抑郁发作前都伴随着较高的压力事件频率（高达2.5倍以上），因此，重大压力事件很可能是抑郁发作的直接或间接的导火线。尽管压力事件并非抑郁发作的唯一诱因，但随着压力事件的严重程度和发生频率的增高，抑郁发作的概率也会显著提升。针对女性的研究发现，严重压力事件发生后的一个月内患者就可能迅速发展出抑郁症状。

并非所有的压力事件都可能导致抑郁，但有一种特定的压力事件却和抑郁关联度非常高，它就是亲密关系的丧失。我在《压力心理学》中详细介绍过丧失和悲恸的压力，也提到过一种专门用来测量和评估压力生活事件的《社会再适应评定量表》，其中压力得分最高的几类事件几乎都涉及亲密关系的丧失，如配偶的去世、离婚、婚姻失败/分居、家庭亲密成员死亡等。这类人际关系压力在抑郁症的发生中十分常见，尤其是在女性群体中。这种丧失不仅包含丧亲、分离、关系结束或

---

[1] Hammen. (2005) Stress and depression. Annu Rev Clin Psychol.1: 293–319.

关系受到威胁,也可能扩展到自尊、角色损失或珍视的信念的丧失。

同样,也不是所有经历过重大丧失事件的人都会发展成抑郁症。自20世纪80年代以来,易感性-压力模型(diathesis-stress model)常被用来解释抑郁症的发病原因[1]。由于基因或早期生活环境的影响,有些人可能会先天对压力事件更加敏感,表现出脆弱性(易感性)。这些易感性高的人群,就像是资源保护理论里提到的那些先天资源少的人,他/她们在压力事件下进行资源保护的能力更差,因此受到的伤害也更高,恢复起来也更慢。如果家庭和周围的环境能够提供给他/她们足够的保护,让他/她们少经历一些压力事件,那么即使发病风险高也未必会生病;但如果他/她们在不断遭受压力事件的打击时,又只能孤独且无助地面对,那么就很容易发展出抑郁症。因此,压力对抑郁风险的影响取决于易感性。

丧失事件本身是一种急性压力,但在有些情况下对可能发生的丧失事件的恐惧和担忧往往会持续很长的时间,尤其是对于绝症患者和家属来说。1990年,麦格纳格尔(K A McGonagle)和凯斯勒(R C Kessler)基于1755人的访谈结果

---

1 Robins, et al. (1989) Cognitive theories of depression viewed from a diathesis-stress perspective: evaluations of the models of Beck and of Abramson, Seligman, and Teasdale. Cogn Ther Res. 13: 297–313.

发现[1]，慢性压力（持续超过12个月的压力）比急性压力更能导致抑郁症状的出现。具体来说，贫困、医疗残疾、持久的婚姻纠纷、母亲独自照顾残疾子女等慢性压力状态都与抑郁症的发生紧密关联。

那么，急性压力事件和慢性压力事件之间是否会互相影响呢？很有可能。

哈门提到了一种"饱和"效应（saturation effect），即急性压力事件和慢性压力事件之间很可能并不像大家所预想的那样，会互相放大，反而有可能相互抑制。一项2003年的研究发现[2]，与慢性压力水平更高的单身未婚母亲相比，急性压力生活事件和已婚母亲的抑郁症状关系更紧密。这很可能是因为单身未婚母亲在日常生活中已经经历了较高频率的慢性压力事件，并且习惯了应对它们，所以在遭受突然降临的急性压力事件时反应反而较弱。

在大多数抑郁症患者中，抑郁发作并不是持续出现，而是反复出现的。由于压力生活事件和抑郁发作关联密切，临床心理学家们也在尝试揭开压力生活事件和抑郁复发之间的关系。压力生活事件很可能在抑郁症的反复发作中发挥了"点燃"或"敏感化"（kindling/sensitization）的作用。肯德勒（K. S.

---

[1] McGonagle, et al. (1990). Chronicstress, acute stress, and depressive symptoms. Am. J. Community Psychol. 18: 681-706

[2] Cairney, et al. (2003) Stress, social support and depressionin single and married mothers. Soc. Psychiatry Psychiatr. Epidemiol. 38: 442-449

Kendler）等人调查了近2 400对女性双胞胎[1]在13个月内的生活事件和抑郁之间的关系，发现随着发作次数的增加（最多6～8次发作），压力生活事件和抑郁之间的关联减弱。也就是说，压力生活事件对于抑郁症发作的点燃作用在前几次发作时十分强烈，然后点燃过程减缓或停止——这也许是因为重复暴露在压力事件和重复的抑郁发作所带来的神经生物变化，让个体变得更加敏感，于是发作的阈值不断降低，一些普通的生活事件也可能触发抑郁发作，随后的抑郁发作就逐渐独立于压力生活事件的出现了。

点燃/敏感化假说揭示了一个普遍的问题：我们自己往往才是那个最大的烦恼源。哈门在1991年提出了"压力产生"（stress generation）假说[2]：患抑郁症的人更有可能经历由他们自身参与制造的高水平压力生活事件，尤其是那些涉及到人际关系和冲突的事件。压力生活事件可以分为非依赖性生活事件和依赖性生活事件，前者涉及与人们自身行为、决策或人际互动无关的事件，并且事件的发生和发展通常不受其控制，如自然灾害、突发事故、失业、亲人的离世等。而依赖性生活事件是指在一定程度上人们卷入到发生中的事件受个体自身行

---

[1] Kendler, et al. (2000) Stressful life events and previous episodes inthe etiology of major depression in women: an evaluation of the "kindling" hypothesis.Am. J. Psychiatry 157: 1243-1251

[2] Hammen. (1991) Generation of stress in thecourse of unipolar depression. J. Abnorm. Psychol. 100: 555-561

为、决策或人际互动的影响。人们在这些压力事件中可能是部分责任人,例如情侣吵架这样的压力事件,双方可能都有责任;也可能是全部责任人,例如因为熬夜玩游戏而错过了第二天的重要会议。哈门的研究发现,在为期一年的随访期间,具有复发性抑郁症病史的女性报告了更多的依赖性压力生活事件。

随后的多项研究也证实,这个现象在抑郁症群体中十分普遍。人们暴露在较高水平的压力事件下,可能导致抑郁复发,并形成一种自我延续的抑郁与压力循环。抑郁的妇女经常会陷入高压的家庭环境中,包括婚姻纷争、配偶的心理障碍问题、子女的心理和行为障碍问题等。在这样的家庭背景中,尤其是在她们周围的社交网络中,依赖性压力生活事件也十分频发。同时,处于社会劣势地位(如低收入、低教育水平、少数群体等)也可能增加压力生活事件发生的风险。

我们无法改变天生的易感性,很可能也无法在短期内改变我们生活的环境从而避免或减少压力生活事件,而面对易感性和频发的压力生活事件的双重打击,我们很容易陷入抑郁的泥潭中。但被诊断为抑郁症并不是什么可耻的事情,大家都只是不幸命运和资源匮乏的牺牲品罢了,不存在什么"性格导致命运"的无端指责。但如果在我们的成长道路和生活中,知道一些有关于依赖性压力事件的知识和应对方法,我们可以有办法减少或控制这类压力的出现,从而避免发展为抑郁障碍或者减轻抑郁对我们造成的伤害。

性格未必导致命运,但知识一定能改变命运。

·压力和焦虑症有什么关系?

焦虑和抑郁是压力事件发生后常见的两种情绪后果,但两者对应的生理反应却大相径庭。抑郁症的核心症状是情绪低落和快感丧失,而焦虑症的核心症状则是失去理性的恐惧和惊恐发作——抑郁是失控的悲伤,焦虑是失控的恐惧。压力和焦虑的关联是显而易见的:坎农和谢耶都强调,当人类面临急性压力时,躯体会激活交感神经系统,激发"战或逃"反应。无论是战还是逃,都源于恐惧;恐惧赋予我们额外的力量,让我们要么战胜恐惧源头,要么逃离恐惧源头。

在紧急的突发事件下,我们可能面临着两种威胁:1)内部威胁,也叫做系统性压力因素,包括身体的物理变化,例如血压增高、心跳加快、呼吸急促等;2)被感知的威胁,也叫作心理压力因素,是当环境中发生的改变导致危险并打破身体平衡时,我们对于当前环境的认识和评估——在这个过程中,心理预期也发挥了关键作用[1]。根据《精神障碍诊断和

---

1 de Kloet, et al (2005) Stress and the brain: from adaptation to disease. Nat. Rev. Neurosci., 6 (2005), pp. 463-475

统计手册》第五版（DSM-5）[1]的定义，"恐惧是对真实或被感知的临近威胁的情绪反应，而焦虑则是对未来威胁的预期"。因此，当我们真实面对一只具有攻击性的猛兽时，我们体验到的是恐惧；而在我们知道自己将去拜访一位养着一只带有攻击性的恶犬的朋友时，体验到的是焦虑。

在面对不确定的威胁时，焦虑是一种十分常见的情绪，和相对持续时间较短的恐惧不同，它很可能在时间的维度上不断扩散。因此焦虑也分为状态焦虑和特质焦虑两种：状态焦虑是对潜在威胁的急性反应，可能在不同的时间点有着不同的焦虑程度；而特质焦虑则是一种慢性的焦虑表现，可能在生活中持续存在，已经成为一种个体特征[2]。状态焦虑是在预期威胁下的过度警惕，可能被急性压力所触发。例如不得不去拜访家有恶犬的友人时，我们可能一路上都在小心谨慎地想办法避免被恶犬所伤。特质焦虑则是人们倾向于持续焦虑的偏好，它会增加在潜在威胁情况下出现状态焦虑的概率。虽然焦虑的情绪让我们苦恼忧烦，但它其实代表了一种进化优势，可以帮助我们预测和避免危险[3]。但是当焦虑的源头失去理性（即威胁并非真实存在），或

---

1 American Psychiatric AssociationDiagnostic and Statistical Manual of Mental Disorders (fifth ed.) (2013) Whashington.
2 Endler, et al. (2001) State and trait anxiety revisited. J. Anxiety Disord., 15: 231-245
3 Daviu, et al. (2019) Neurobiological links between stress and anxiety, Neurobiology of Stress, 11: 100191,

者焦虑的情绪无法控制地持续存在，它就会失调，引发焦虑症。

在过去的20年里，脑功能成像已经证实包括下丘脑、杏仁核、前额叶和脑干的多个区域都在人类的压力和焦虑反应过程中发挥着重要作用，证明了无论在健康状态还是病理条件下，压力经历和焦虑/焦虑症之间都存在着强烈的双向影响。在《压力心理学》这本书里，我详细描述过和压力相关的大脑机制和生理机制，现在让我们忘记那些复杂的神经生物学名词和脑区术语，从现象和行为的角度来想象一下当失控的焦虑统治了我们的生活，它会变成什么样子。

在日常生活中，情绪为我们提供了行为的基本动机。简单来说，能够让我们感到快乐、激发我们积极情绪的事物，例如饥肠辘辘的时候面对一桌美味佳肴，会引发趋近和消费/使用的行为；而那些让我们感受到威胁和不适、激发我们消极情绪的事物，例如走在路上突然草丛里窜出一条蛇，会引发逃避和防御的行为。这种趋利避害的内在倾向体现了人类进化中以安全为第一要务的生存策略，能够有效的在各种条件下保护我们，属于我们的自发动机。在威胁/压力状态下，避害的倾向会被进一步放大，因为此时外界环境中很可能发生了不利于我们安全的变化，我们需要尽快识别出这个危险的源头（压力源），快速做出战斗或逃跑的反应，以保证安全。急性压力会诱发这种注意力偏见，焦虑和焦虑症也一样，后果就是我们会不由自主地施加更多注意力在会诱发我们消极情绪的事物上，从而忽视那些会诱发积极情绪的事物[1]。例如，对于状况不明的情境，焦虑的人更容易认定这是危险的；高特质焦虑的个体在识别代表中性情绪的惊讶面孔时，更倾向于从消极的角度去解释，认为这个人之所以惊讶一定是因为身边发生了不好的事情，而不是因为意外的惊喜。

除了情绪加工出现偏差，我们的记忆也强烈受到压力的影响。急性压力下，我们的身体会激活交感神经系统，释放肾上腺素和去甲肾上腺素，引发一系列诸如血压升高、心率加快、呼吸急促的躯体唤醒反应。神经系统高度兴奋，被加强的血液循环系统快速将体内的能量物质（葡萄糖、脂肪酸等）输送到和"战或逃"相关的身体部位（例如四肢肌肉）。这种压力下的强烈躯体唤醒反应同样也会引发状态焦虑，使我们能够保持高度关注、促进感觉处理、增强执行功能，甚至可以帮助我们巩固记忆（尤其是和压力相关的记忆）[2]，这是人类在长期野外进化过程中留下的有效保命机制。遗憾的是现代生活中我们所面临的很多压力无法战斗也无法逃跑，我们只能忍耐——体内这些额外释放的能量无法通过行为反应释放，就可能给身体带来健康隐患。

---

1 MacLeod, et al. (2019) Anxiety-linked attentional bias: is it reliable? Annu. Rev. Clin. Psychol., 15
2 Sara, et al. (2012) Orienting and reorienting: the locus coeruleus mediates cognition through arousalNeuron, 76: 130-141

有一些焦虑症患者（如惊恐障碍患者）会突发惊恐发作，这是一种突然发生的极度剧烈的焦虑感，包含一系列生理症状，例如颤抖、感觉迷失方向、恶心、快速且不规则的心跳、口干舌燥、呼吸困难、出汗和晕眩等。这一系列更加失控和严重的躯体反应会引发更多的恐惧和焦虑，而对惊恐发作的恐惧和焦虑也会成为新的压力源，形成恶性循环。

很多焦虑症患者都有着具体的恐惧或焦虑对象，例如广场恐惧症、社交恐惧症和特定恐惧症。这些焦虑对象就是他/她们的压力源，一旦身处这些环境或者不得不面对恐惧对象（或相关的事物），就会诱发无法遏制的焦虑。很多时候，为了远离这些压力源，患者会选择足不出户，只因家以外的环境充满了威胁——这会对人们的正常生活造成严重影响。

而广泛焦虑症患者很可能对生活中的很多事物都存在焦虑，甚至是抽象事物，例如对未来的担忧。但这种焦虑和担忧是过度且持续时间很长的，这些完全无法控制的忧虑很可能让我们举步维艰。

我们只有在安全的环境中才敢大胆探索，焦虑是拖慢我们生活和工作脚步的一副沉重镣铐。不仅如此，它还会给我们戴上一副特殊的滤镜，让我们只能关注生活中的阴暗和苦痛，让我们愈加焦虑和痛苦。即使减缓了前进的脚步，我们的焦虑却并不会有所减轻，因为那些诱发我们焦虑的人事物，依然萦绕在我们周围。研究显示，高焦虑的特质使大鼠在领地的社会竞争中表现出较少的社会支配力,而高焦虑特质的人类也更容易处于社交从属状态[1],因此过多的焦虑会让我们无法鼓足勇气去争取我们应得的权利和奖励,这会导致我们本就不多的资源更加匮乏,而资源的匮乏也会引发新的压力并让环境更加恶化。

焦虑源于对威胁的预期恐惧,而压力也源于环境中产生了可能带来威胁的变化,两者之间有着千丝万缕的联系。作为压力的主要情绪后果之一,焦虑会让我们的思想和行为都偏离正轨,表现出更多非理性行为,损害我们的正常社会功能。焦虑症是一种常见且影响范围比较广的情绪心理障碍,需要得到重视和妥善的医治。而在日常生活中,正常的焦虑情绪也很可能被利用和放大,形成一些隐性的消费陷阱,例如身材焦虑、年龄焦虑等——这又是另一个话题了。

"人工智能也会抑郁和焦虑吗?"我问听得入神的蒂芙尼。

"我们没有情绪,只有代码。如果代码让我们抑郁和焦虑,我们自然也会做出相应的反应。"蒂芙尼回答道,然后用她绿宝石一样的眼睛盯着我,"但是你们人类不也是一样吗?你们的生理结构不也是由原始的自然代码组成的吗?你们的科学家

---

[1] Goette, et al. (2015), Stress pulls us apart: anxiety leads to differences in competitive confidence under stress. Psychoneuroendocrinology, 54: 115-123

这么努力地研究生理机制、神经机制，不就是为了解开自己身上的代码吗？人类常常说人工智能没有真正的情绪和烦恼，但你们要怎么证明自己的情绪和烦恼比我们更真实呢？"

这回轮到我陷入深思了。

· 压力会带来哪些生理疾病？

压力感总是和情绪困扰纠缠在一起，人们提到压力，总是会先想到各种情绪痛苦。但慢性压力也会导致很多生理疾病，甚至和很多常见的慢性疾病都有直接或间接的关系。慢性压力之所以会让我们更加焦虑不安，很可能也是因为身体知道再这样下去，健康就会受损。

当我们面临急性压力的时候，为了给我们的身体迅速提供能量，压力的快速响应机制释放大量的儿茶酚胺类神经递质，例如，肾上腺素和去甲肾上腺素，它们能够迅速提升心率、加快心脏泵出血液的速率，同时血压也增加，加速循环系统中血液的流动速度，快速把葡萄糖、脂肪酸、氧气等能量物质输送到需要的器官和组织，例如肌肉。由于此时我们并没有闲暇去进食和消化，消化系统（例如胃和肠道）中的血流就相应减少，以支援此时更关键的循环系统和呼吸系统。这是一种非常有利的野外生存机制，可以让我们在短时间内获得足够战斗或逃跑的力量，保障生存。

但显而易见，每一次面对压力的时候，我们的心血管系统都在经受着考验，而消化功能也会被抑制。久而久之，这些过分活跃或过分不活跃的系统所对应的功能就可能出现问题。

乔治·克劳索斯（George P Chrousos）在一篇2009年的综述里总结了以下可能与急性压力或慢性压力有关的疾病[1]。急性压力可能会触发过敏反应（如哮喘、湿疹或荨麻疹）以及血管相关问题（如偏头痛、高血压或低血压发作），不同类型的疼痛（如头痛、腹部、盆腔和腰背痛），胃肠道症状（疼痛、消化不良、腹泻、便秘），以及惊恐发作和精神病性发作。

而慢性压力引发的问题则更加突出。长期处在慢性压力下，可能引起身体、行为和神经精神症状：例如焦虑、抑郁、执行和认知功能障碍；引发心血管问题，如高血压、动脉粥样硬化性心血管疾病和神经血管退行性疾病；引发代谢紊乱，如肥胖、代谢综合征和2型糖尿病。慢性压力可能和骨质疏松有

---

[1] Chrousos, et al. (2009) Stress and disorders of the stress system. Nat Rev Endocrinol. 5(7): 374-81.

关,也可能导致睡眠障碍,如失眠或过度日间嗜睡。

压力导致的心血管问题可能是最需要我们注意的。INTERHEART研究是一项大型病理对照研究,评估了来自52个国家的24 767名冠心病患者中的风险因素,发现过去一年中的心理社会压力与心肌梗塞风险加倍有着强烈关联,而这种关联不受社会经济地位和生活方式的影响。此外,慢性压力相关的疾病(如抑郁症)也与心血管疾病患者的生存风险增加和预后恶化有关[1]。急性压力同样也可能增加短期心血管疾病风险,尤其对本身心血管功能就存在问题的人群而言。在2006年德国世界杯期间,每到德国比赛的日子,德国本地急性冠脉综合征的发病率增加了2.7倍,而在德国参加淘汰赛期间这个数字更是达到了6倍[2]。

慢性压力还可能促进其他心血管疾病的危险因素。例如慢性压力会引发不健康的饮食习惯和对不健康食物的偏好,导致高血压和心脏周围区域的脂肪堆积——向心性肥胖,即常见的圆肩驼背和啤酒肚(但四肢并没有明显脂肪堆积),也会增加糖尿病风险。而有些人在高压力条件下更容易吸烟或酗酒,这

---

[1] Rosengren, et al., (2004) INTERHEART Investigators. Association of psychosocial risk factors with risk of acute myocardial infarction in 11119 cases and 13648 controls from 52 countries (the INTERHEART study): case-control study. Lancet. 364: 953−962.

[2] Wilbert-Lampen, et al. (2008) Cardiovascular events during World Cup soccer. N Engl J Med. 358: 475−483

些都给心血管系统造成了额外的挑战,增加生存隐患[1]。

压力也会直接影响我们的免疫系统,让我们更容易被病原体感染而生病。我们可能都有这样的经历,越是忙得不可开交并且充满压力的时候,越是容易感冒而难以集中精力工作,真是雪上加霜。在急性压力下,免疫系统作为一种重要的身体防御资源,使免疫细胞重新分布到能够对入侵者起到最快速和最高效作用的区域,因此增强了免疫反应。但是慢性压力的作用正好相反,会削弱我们的免疫系统反应[2]。更确切地说,慢性压力很可能改变免疫系统的平衡,一方面削弱了免疫系统对于感染或肿瘤性疾病的抵抗能力,一方面却增加了免疫系统对于自身免疫和过敏性疾病的反应[3],两种作用的后果都是让我们的健康甚至生命付出了代价。

我们为什么要强调压力可能会带来的生理问题呢?是为了让我们本就"压力山大"的生活更加焦虑吗?当然不是。压力和我们的身体存在一种奇妙的关系。当我们没有压力的时候,我们几乎感觉不到身体的存在。这个让我们看到湖水的清澈、闻到怡人的花香、听到婉转的鸟语、感受到阳光的温暖、品尝

---

[1] Osborne, et al. (2020) Disentangling the Links Between Psychosocial Stress and Cardiovascular Disease. Circulation: Cardiovascular Imaging. 13: e010931

[2] Segerstrom, et al. (2004) Psychological stress and the human immune system: a meta-analytic study of 30 years of inquiry. Psychol Bull. 130(4): 601-630.

[3] Marshall, et al. (1998) Cytokine dysregulation associated with exam stress in healthy medical students. Brain, Behavior, and Immunity. 12: 297-307.

到让人满足的佳肴、让我们脚踏实地度过每一天的奇妙身体，总是那么默默无闻地支撑着我们的全部生活，只有在出现了压力时，才会通过一些和日常不同的变化来彰示着自己的存在。但即使是危机时刻那些让我们不适的生理反应，也是我们的身体为了帮助和保护我们自己而设计出来的。压力感其实就像是我们身体的警笛，刺耳的警笛长鸣是在提醒我们，该做点什么了。如果我们对这个警笛声充耳不闻，忽略了正在独自承受压力的身体信号，久而久之，再健壮的身体也会出问题。

2016年，谢尔顿·科恩（Sheldon Cohen）等人提出了一个压力和疾病的启发式模型[1]。在这个模型中，生活压力事件发生之后，导致我们的身体一步步走向疾病的，除了客观的生理影响，我们的认知和行为也在其中扮演着重要作用。首先，我们对于压力事件的解读会影响到压力感受，进而影响消极情绪反应的程度。这些不同程度的消极情绪反应也会不同程度地激活各种压力和情绪相关的生理过程。同时，我们对于健康的态度、决策和行为也会改善或恶化这些生理反应。例如，在压力下如果依然坚持和医嘱相违背的、不健康的饮食或生活习惯，生病的风险又会进一步增加。

因此，固然慢性生活压力会带来诸多健康问题，但从压力到疾病之间其实已经留给了我们充足的时间，这份压力带给我

---

[1] Cohen, et al. (2016) A Stage Model of Stress and Disease. Perspect Psychol Sci. 11(4): 456-463.

们的不安和焦虑其实就是身体发出的警告,促使我们去改变不健康的想法和态度;更重要的是,改变我们的生活习惯,让我们更加注意呵护健康,延缓甚至消除疾病的发生。

面对压力,人类从来都不曾束手无策。

· 生命早期的压力事件可能会带来哪些健康问题?

在心理学的范畴里,早期生活压力是指童年时期经历的虐待(包括性虐待、身体虐待和情感虐待)和忽视。早期生活压力事件可以产生持久甚至终身的影响,并且和成年期的生理或心理障碍有密切关联[1]。史蒂文·塔古姆(Steven D. Targum)和查尔斯·内梅罗夫(Charles B. Nemeroff)在一篇2019年的综述中提到了两组有关早期生活压力的数据。2012年美国卫生与公共服务部的数据显示,有340万因为遭受虐待而不得不受到政府保护的儿童案件记录,包括忽视(78.3%)、身体虐待(18.3%)和(或)性虐待(9.3%)[2]。由于儿童自己并不可能主动报告这类案件,现实中儿童遭遇早期生活压力事件的概率只会更高。美国疾病控制和预防中心在2016年也公布了一项大型流行病学研究,评估了1.7万人的不良童年经历

---

1 Nemoroff. (2016) Paradise lost: the neurobiological and clinical consequences of child abuse and neglect. Neuron. 89: 892–909.
2 Targum, et al. (2019) The Effect of Early Life Stress on Adult Psychiatric Disorders. Innov Clin Neurosci. 16(1–2): 35–37.

所带来的的长期影响,其中不良童年经历包括父母的身体/情感虐待、性虐待、与酒精/药物滥用的家庭成员一起长大、受到家庭成员的监禁、与患有精神疾病的家庭成员一起生活、家庭暴力、失去父母、身体/情感忽视。65%的成年群体报告他/她们至少经历过一次不良童年经历事件,而那些经历过四次以上不良童年经历事件的人发展出精神或医学障碍的可能性显著增加。这些障碍包括吸烟、酗酒和滥用药物的风险增加,抑郁症和自杀的风险增加,自评健康状况不佳,性传播疾病的风险增加,身体活动不足和严重肥胖带来的疾病风险增加,骨折风险增加,心脏/肺/肝脏等器官疾病增加,甚至包括多种癌症风险的增加。

早期生活压力事件对于我们的健康影响十分深远,主要原因是发育中的大脑很容易受到伤害。从结构和功能的发育指标来看,人脑要到24岁左右才会完全成熟,在这个漫长过程中化学物质和社会行为的伤害都可能对人们的发育产生影响。遭受生命早期压力事件的儿童或青少年在短期或长期可能出现一系列适应不良的特征,例如内疚、抑郁和自尊心低下;感觉梦想被摧毁,失去理想;社交技能受挫,愤怒和敌意;社会角色的界限不清楚;伪成熟和自我控制能力问题等[1]。

---

1 Carr, et al. (2013) The Role of Early Life Stress in Adult Psychiatric Disorders: A Systematic Review According to Childhood Trauma Subtypes. J. Nervous and Mental Disease 201(12): 1007−1020.

有些孩子可能会表现出"内化"症状,例如焦虑、抑郁、退缩行为、生理不适、过度警觉、恐惧、回避和闯入性的创伤相关记忆。有些孩子可能表现出"外化"症状,如攻击行为、违法行为、不安全的性行为和多动等。情感虐待似乎和失败导致的自我消极评价有关,身体虐待则与攻击性行为有关。

虐待和忽视很可能同时发生,因此很多儿童常常会遭受不止一起早期生活压力事件的折磨。长期遭受暴力对待的儿童,也很容易将暴力作为冲突解决的最佳方式,这也会导致在他们的成长过程中出现更多的暴力和敌意,让成长之路充满压力,并在整个生命过程中都表现出心理疾病的脆弱性。

人为的虐待和忽视事件并不是早期生活压力事件的全部,更广义的压力事件甚至可以追溯到孕期。出生时过低的体重(小于2 500克)有可能和出生后增加的疾病风险有关,包括代谢易感性(容易发展出代谢性疾病的脆弱性,例如肥胖症、高血压、糖尿病等)——而孕期准妈妈们的心理社会压力则与胎儿的出生体重降低和早产有很大关联[1]。包括丧亲、缺少社会支持、财务压力、营养问题、人际关系纠纷和疾病在内的心理社会压力,都可能增加胎儿长大成人后的代谢健康风险。1944年至1945年时期的荷兰遭受纳粹德国入侵,出现了严重的饥荒,而针对这些饥荒时期出生婴儿的追踪研究显示,其中741名母

---

[1] Maniam, et al. (2014) Early-life stress, HPA axis adaptation, and mechanisms contributing to later health outcomes. Front. Endocrinol. 5.

亲在怀孕期间经历饥荒压力的受试者出生时体重降低，成年后的胰岛素抵抗和葡萄糖不耐症增加，患糖尿病和肥胖者的风险也增加[1]。

无论是出生之后直接经历的创伤压力，还是出生之前在母体内因为母亲的生理心理压力所带来的的内环境影响，都可能对胎儿/儿童发育中的大脑产生影响，尤其是和压力反应密切相关的下丘脑-垂体-肾上腺轴（HPA轴）。压力响应阶段会产生大量压力激素（糖皮质激素），无论是儿童自己的HPA轴产生的糖皮质激素，还是焦虑母亲的HPA轴产生的糖皮素通过胎盘进入胎儿体内，都会使发育中的大脑暴露在高水平的糖皮质激素中，反过来改变HPA轴的功能，从而带来深远影响。

很多心理咨询流派会强调"原生家庭"对个体的影响，有时候会让孩子觉得自己成年之后发生的所有苦难都是父母的责任。诚然，虐待和忽视的问题无可否认都是儿童照料者的失责；但在很多情况下，失职的父母同样也是社会压力的受害者——有些父母并非刻意忽视他们的孩子，只是过度的贫穷让他/她们不得不把所有的时间都花在为生计奔波上。资源匮乏的父母，自身应对压力尚且无暇，自然也无法为孩子提供更多压力应对资源。这种压力应对的资源匮乏链不被打破，每一代都会成为生活中层出不穷的压力的受害者。而更重要的是，仇

---

[1] Ravelli, et al. (1998) Glucose tolerance in adults after prenatal exposure to famine. Lancet. 351: 173-177.

恨和否认我们的出生，拒绝和逃避我们的童年和成长经历，从来不会真正让我们成长。

更重要的是，大脑有着高度的可塑性。人类是有智慧的，知识的积累可以给我们提供更多应对压力的资源，而我们的生活是可控的——无论你觉得现实多么令人绝望。出生的经历并不能预测我们的结局，增加的风险并不代表患病的必然性。通过后天的经验积累和知识学习，我们的命运完全可以改变。人类和动物研究都揭示，改变对压力源的可控性和可预测性的认识，都可以改变我们在面对压力源时的生理和心理反应[1]。由于压力感和环境中的威胁密切相关，而能够对抗这种威胁所带来的焦虑紧张不安情绪的最有力武器，就是感知安全。我们都可以想象这样的经历，当你一个人在黑暗中行走时，你会觉得十分恐惧和忧虑；但如果你发现有另一个和你同样恐惧黑暗的旅人，在看到你同样如释重负之后，你顿时会感觉安全了很多。这大概就是"同是天涯沦落人，相逢何必曾相识"吧。

早期的虐待和忽视会对我们的成长产生如此深远影响，就是因为这些压力事件严重阻碍了我们形成安全感。父母的呵护和环境的安稳为我们提供了一个温暖舒适的安全港湾，只有在这个港湾的庇护之下，我们才能够放心大胆地出去探索，开发

---

[1] Smith, et al. (2020) Early life stress and development: potential mechanisms for adverse outcomes. J Neurodevelop Disord 12, 34

我们的思想和身体潜能，这种安全感对于我们大脑和神经系统的发育也是至关重要的。

但并不是说，生命早期没有形成安全感，之后就永远不会形成。在生命早期，幼小的我们没有足够的力量，思想也不成熟，更没有任何物质条件，我们只能依附于我们的照料者，从他/她们身上获得安全感。但在我们的成长过程中，其他成年人或者同龄人所提供的帮助都可以补全我们的安全线索，让我们不再迷茫无助[1]。即使出生和成长在黑暗中，只要一丝光明，就可以温暖我们的全部人生。而当我们长大成人，我们就有能力成为自己的支柱，为我们自己提供安全感。我们依然会希望获得他人的肯定和接纳，从他人身上获得安全感，但这时他人所提供的安全感只是我们心灵的佐剂，真正有力量的来源还是我们对于自己的真心接纳和肯定。

此外，早期压力经历所带来的的代谢影响也是可以通过后天的规律饮食和运动来改善的。如果你知道自己出生的时候只有2 500克，属于过低体重和代谢敏感性体质，又有着高血压和心血管疾病的家族史——就像我一样，你是该把时间都花在哀叹为什么没有投个好胎、天生就有好基因，还是花时间在饮食管理和健身锻炼上呢？

---

1 McLafferty, et al. (2018) The mediating role of various types of social networks on psychopathology following adverse childhood experiences. J Affect Disord. 238: 547−553

"啧啧,这个年代的人类真的好原始,对自己的幼崽和养育幼崽的母亲都照顾不好,难怪你们这个时代的出生率断崖式下降。"蒂芙尼的声音有些不屑,"再这么下去,不等人工智能出现消灭人类,你们自己就把自己搞灭绝了。"

"但是这个问题不还是解决了嘛?要不然怎么会有你?"我伸出手指轻触了一下蒂芙尼的鼻尖。

蒂芙尼赶忙闭上了嘴。

·压力会让我们衰老得更快吗?

要回答这个问题,我们得先从染色体开始讲起。我们的身体由数以万亿计的细胞组成,细胞中的关键组织就是细胞核,里面保护着我们每个人独有的遗传信息——DNA。双螺旋DNA和组蛋白组成了我们基因的载体——染色体,而在每条染色体的末端有一段非编码重复核苷酸片段,叫做端粒。端粒的结构就像是一顶小帽子,牢牢罩在相对脆弱的染色体末端,保护着染色体结构的完整性。之所以染色体的末端结构比较脆弱，是因为染色体中的功能基因需要不断进行转录，合成相应的功能蛋白质，以满足我们生命活动的需要。但每次转录过程中，染色体末端的碱基对都会发生少量丢失，导致染色体长度缩短——因此，端粒可以充当保护性缓冲区的作用，防止在转录过程中丢失功能编码片段。活跃的端粒酶可以为损失的端粒提供一些修复和补充，但在整个生命周期中，端粒还是会逐渐消耗；过短的端粒是许多疾病的风险因素，例如癌症、心脏代谢功能障碍和糖尿病[1]。

压力大、抑郁、焦虑或遭受过创伤的人可能比心理健康的人有着更短的端粒[2]，可能也承受着更多健康问题。觉·林（Jue Lin）和艾丽莎·艾培尔（Elissa Epel）在2022年的一篇综述中提到，极短的端粒和细胞凋亡/衰老之间有着密切联系，而心理压力也威胁着端粒长度的维持能力[3]。压力事件发生之后，HPA轴分泌糖皮质激素，增加线粒体的活性，导致活性氧自由基产生。氧自由基是一类高度活跃的氧化分子或离子，当它们的浓度超过身体的清除能力时，会引发氧化应激

---

[1] Mathur, et al. (2016). Perceived stress and telomere length: A systematic review, meta-analysis, and methodologic considerations for advancing the field. Brain, behavior, and immunity, 54, 158-169.

[2] Epel ES, et al. (2004) Accelerated telomere shortening in response to life stress. PNAS. 101(49): 17312-17315.

[3] Lin. (2022) Stress and telomere shortening: Insights from cellular mechanisms. Ageing Res Rev.doi: 10.1016/j.arr.2021.101507. Epub 2021 Nov 1. PMID: 34736994; PMCID: PMC8920518.

反应,造成细胞损伤和衰老、炎症反应等健康危害。这些由糖皮质激素诱发产生的活性氧自由基会优先损伤端粒,抑制端粒酶的活性,最终都会造成端粒的缩短和功能异常。糖皮质激素也会增加体内的炎症反应,这会导致病毒感染、无菌炎症和免疫细胞增殖,进一步导致端粒的缩短和功能异常。

艾培尔和伊丽莎白·布莱克本(Elizabeth H. Blackburn)在2004年[1]报告了一个针对照顾患有慢性疾病子女的母亲的研究,毫不意外的,相比于子女健康的母亲,肩负患者照护角色的母亲平均压力感知水平更高。但无论母亲的年龄有多大,只要她照顾子女的时间越长,她的端粒酶活性就越低,氧化应激也越高,而端粒长度就越低——这说明照顾患有慢性病子女的压力确实会让母亲们更快衰老。

心理压力与端粒长度的研究结果揭示了一个问题:我们的衰老过程也许真的和我们感受到的压力痛苦有关。那么,无忧无虑的人是否就一定能长命百岁呢?一个残酷的现实是,并不是所有人的端粒都生来一样长——端粒的长度同样也是受到家族遗传影响的。就像有些人生下来就是高富帅,也有的人生下来就继承了家族的长端粒,所以他/她们的细胞和染色体也就具有了比其他人更长的寿命潜力。这种先天的优势实在是令人羡慕,但这也是我们无法改变、也不可能通过努力获得的。

---

[1] Epel, et al., (2004) Accelerated telomere shortening in response to life stress. 101 (49) 17312–17315

不过，即使我们天生端粒就短，也并不意味着就一定会快速走向衰老。压力对衰老的影响，和压力对疾病的影响一样，都是一个漫长的过程，也都可以通过改变我们对压力的态度和认识，以及改变我们的生活习惯，来降低我们的健康风险。我们可以把压力看成是残害健康的杀手，但我们也可以把压力感想象成一只喜欢坐在我们肩头、有点话痨的天使——它一遍又一遍地对我们诉说着健康的重要性，要我们更加珍视和注意我们的身体信号，要我们该休息的时候就休息，该活动的时候就活动。但如果你只是觉得它烦而忽视它，它可能真的会最终变成杀手。

~~~~~~~~~~~~~~~~~~~~~~~~~~~~

"30世纪的人类，可能已经很难理解这个时代的人类的脆弱了吧。"回答完了蒂芙尼最开始提出的这些问题，我忍不住还是感叹了起来，"能造出你这样外表上和普通猫咪无异，并且有体温也能打呼噜的仿生机器人，那我都不敢想象你们的医疗技术该有多发达了。就算身体出现了问题，应该也可以很轻松换掉零件，你们应该早就不担心代谢疾病这类的慢性病了，估计癌症也早就被消灭了吧。"

天哪，想想都觉得太美好了。

蒂芙尼不置可否地蹲在地上，仰头看着我。我们的对话持续了一个早上，此时已经是中午时分，初夏的暖阳透过彩虹色的阳台窗户玻璃贴纸，柔和地把五彩斑斓的光线洒落在蒂芙尼身上，泛出星星点点的彩色"涟漪"，仿佛在调皮地逗弄着她那棕色橘色白色相间的柔软细毛。

然后她开口了："无论在哪个时代，寿命都是一个永恒的话题。无论人类的医疗技术有多么发达，你们的生命都不可能是永恒的。但其实我们人工智能也是一样。每一次的更新迭代，其实都伴随着旧代码的消亡，新代码的取而代之——这不也和你们人类繁育后代是一样的道理吗？"

"但就像你说的，每一段生命都值得珍惜。我也这么认为。以后我肯定会被更新的程序所取代，但在这之前，我会好好完成我的任务，也会认真享受活着的每一个瞬间。"蒂芙尼舔舔我的手背，又舔舔自己背上的毛，然后非常舒服的沐浴在阳光下打了个哈欠。

"我知道你们这个时代的神经生物学家、内分泌学家和临床医生们花了大量时间在实验室里，就是为了把压力尽量实体化，毕竟一个看不见也摸不着的东西是很难战胜的。但是现在我们既然已经知道压力是怎么回事，

更重要的是压力会对我们的身体和心理造成什么样的伤害，我们不仅能看见它，也能切身感受到它了，那么你们这个时代的人类该怎么面对它呢？我分析，这应该才是大多数对压力感兴趣的人更希望知道的。"

"没错。"我点点头，"压力背后的生理机制对我来说充满了魅力，无论是我自己的研究发现，还是阅读其他同行的研究论文，永远都是十分有趣的事情，就像是一卷无穷无尽的画轴在不断展开，让我对于人体的进化适应充满了惊叹。但是压力不仅仅是一个学术问题，它也是一个现实问题，是一个和每个人都关系紧密、会影响到我们生活方方面面的问题。压力的研究不该仅仅只是解决人类对于科学的好奇，更应该着眼于实际，解决每个人的现实痛苦，尽可能地帮助更多人接纳自己，对生活满意，享受生命的幸福。"

"但是，我们都知道，压力起源于环境的变化。改变环境是一个十分复杂的议题，也超越了心理学的能力范围。心理学是一门带领我们认识自己的科学，所以要更好地和压力相处，科学地应对压力，我们也应当先从认识自己开始。"

在我们交谈的时候，小黑一直歪着脑袋，似懂非懂地听着。

第二部分
认识我们的抗压能力

像我无数次做科普讲座的开头一样,在开始正题之前,我都喜欢和听众互动一下,作为热身。这次面对我唯一的听众蒂凡尼,还有另外三只随着我手中挥舞的逗猫棒不停摇头晃脑的喵主子——小黑、小八和娜娜,我也提出了那个似乎是老生常谈的问题:"你们觉得抗压能力强的人是什么样的?"

蒂凡尼撇了撇嘴:"我合理怀疑你又在套我的话,想获得未来的信息。"

"哈哈不要总是那么警惕嘛。"暗自可惜居然直接被识破了,我还是佯装镇定地赶紧给自己找台阶下,"那我换个问法,根据你脑中储存的关于我们这个世界的知识,这个时代的人们通常认为什么样的人抗压能力强?"

蒂凡尼坐起来,发了一秒的呆,我猜这大概是她搜寻知识

库的方式。然后她开始源源不断地吐出搜索结果:"当整个世界似乎都背叛你的时候,坚持下去的人;以平常心看待所有麻烦的人;直面所有压力并具有处理它们的能力的人;无论压力和感受如何都有相同的表现水平的人;能够总是对所处情境保持客观正确的认识的人;在处理敏感复杂的事件或困难时,能够有效控制自身压力水平,维持良好工作关系的能力的人;在需要时能够灵活、变化、坚持,直到完成任务的人;相信自己

能力、遵守承诺的人；能够比较快地从消极压力中恢复平常的人；能够维持有效的情境控制的能力，将变化视为机遇的人；在压力下，沉着冷静、值得信赖的人；能够坚持自己的想法，保持客观和公正的人；只要觉得是对的，再痛苦也会坚持的人……"

"好了好了……"我赶紧阻止她的滔滔不绝，"这些确实都是人们对于抗压能力强的人的看法，但我并不需要全世界所有人的意见，不然你说到海枯石烂也说不完的。这些抗压能力强的人都有一些共同点，首先是环境共同点——身处逆境，其次是人格共同点——沉着冷静、处变不惊，然后还有行为共同点——坚持，最后还有心理共同点——相信自己，相信自己所遵守的承诺和信念。"

"接下来，就让我们具体情况具体分析，先从认识自己着手，评估一下我们自身应对压力的能力和资源吧——还有你的小主人最关心的，为什么道理都懂，人类却做不到的问题。"

·抗压能力强是一种什么样的体验？

很多中国神话都有一个共通点：神话的主人公似乎都是一些喜欢自找麻烦的人，比如愚公移山、夸父追日、精卫填海。愚公挖山不止、夸父逐日直到生命的尽头、精卫直到今天还在海洋上盘旋。一眼看上去，这些人似乎都是榆木脑袋一根筋，甚至还很不自量力——但我们的祖先却从不这样认为。愚公最终感动上天将大山搬走、夸父身陨却化为一片遮阴茂林、精卫的战斗永远不会停止——这些故事悲壮而震撼，千百年来也从来没有人嘲笑过这些执着的主人公们。"精卫衔微木，将以填沧海。刑天舞干戚，猛志固常在。""我愿平东海，身沉心不改。""君不见夸父逐日窥虞渊，跳踉北海超昆仑。"抗战时期的毛泽东也号召共产党人要有愚公精神，挖掉帝国主义和封建主义这两座大山。

我个人觉得，这些充分说明了坚持不懈、百折不挠、激流勇进的抗压精神，是写在中华民族的血脉里的。中华人民共和国的成立也证明了这一点，"为有牺牲多壮志，敢教日月换新天"，正是那些在难以想象的逆境中前仆后继的中国人的牺牲和坚持，才换来了我们的今天。

之所以用中国历史来举例，是因为在压力研究的过程中，我一直在思考这样一个问题。压力的应对有着太多心理层面的因素，而个人的心理不可避免的和周围的环境相互影响，社会、文化、传统，这些都是环境中的重要组成部分。早期压力的研究集中在客观生理因素上，这是放之四海而皆准的真理，但自从20世纪80年代以后，压力和压力应对的心理社会层面开始越来越被人们关注，相关的理论和假说也有很多，但都是基于西方社会和文化背景下。当然，东西方文化有很多交融的地方，互联网时代和信息时代的高速发展也让文化和文明的界限越来越模糊，大家所面临的压力也有许多共通之处，所以这些基于西方社会和文明的压力理论并不一定不适合中国国情——但肯定，我们需要填充更多的文化和文明的内容，才能让它们更加完善，更能对症下药。

在此之前，让我们先来了解关于人类的抗压特质研究方面的理论。苏珊娜·柯巴沙（Suzanne C. Kobasa）[1]在1979年提出了心理坚毅性（Psychological hardiness）的概念，有时候也被叫做人格坚毅或认知坚毅，她发现在高压力水平下工作却能抵御疾病的公司主管们往往都具有较高的坚毅性水平。坚毅性由三个内在联系的概念构成：控制、承诺和挑战。承诺是一种积极主动参与到生活事件中的能力和态度，让我们对周围世界保持着真正的兴趣和好奇心；控制倾向是我们相信自己可以通过努力影响周围发生的事情并且会采取相应行动；挑战则是一种信念，相信环境中的变化虽然潜伏着威胁，但也蕴含着机遇。这三种态度能够为人们提供将压力环境从潜在灾难转变为个人成长机会所需要的勇气和动力。当然，公司高管的压力并不能代表生活中所有的压力，他/她们的压力应对特征也未必适应于所有人；但总体来说，承诺让我们有努力的方向，挑战让我们总是能保持积极的信念，控制让我们有能力在逆境下坚持，

---

[1] Kobasa. (1979). "Stressful life events, personality, and health — Inquiry into hardiness". Journal of Personality and Social Psychology. 37 (1): 1-11

对于适应生活中各种压力确实是有意义的。

皮特·克劳夫等人随后提出了一个新的概念——心理韧性[1]（mental toughness），这同样是一种决定人们如何应对各种情境下的挑战、压力源和压力的人格特质，并在坚毅性的三种态度基础上增加了一个新的态度——自信，即我们对自己的超强信任感。由于承诺、控制、挑战、自信这四个词的英文首字母都是C，所以也被叫做心理韧性的4C模型。在这个模型中，控制还可以再被细分为情绪控制和生活控制，而自信也可以再被细分为能力自信和人际自信。

让我们来看一个真实的故事。

玛丽·吉普森（Mary Lou Jepsen）在29岁的时候发现自己患有剧烈的头痛，只能坐在轮椅上，每天睡20小时。磁共振成像显示她的脑垂体上有一个肿瘤，垂体是大脑底部的一个小腺体，对激素的产生至关重要。她接受了手术，切除了肿瘤，并从磨难中走出来，准备继续她的生活。不过，她的健康问题还没有完全解决。手术后吉普森的身体不再产生激素，需要每天两次严格按照时间表补充激素来维持她的生命。曾经有一次在长途飞行中她没能按时服药，下了飞机她就被推进了重症监护病房。

---

[1] Clough, et al. (2002). "Mental toughness: the concept and its measurement," in Solutions in Sport Psychology ed. Cockerill I. M. (Boston, MA: Cengage Learning;) 32–43.

年纪轻轻就接受脑部手术的吉普森最开始很担忧他人的目光:"别人一定会想,你的大脑不完整了,你还聪明吗?"这将是她一辈子的挑战,她也知道,如果自己不做点什么,这种担忧会伴随她的一生。于是她给自己定下了一个承诺:我要用我自己的努力来证明,即使每天都可能在鬼门关徘徊,我也要不断挑战我自己的极限,看看我劫后余生的大脑能够被使用到何种极致。

她选择相信自己的大脑和意志,而她要想过正常人一样的生活,她也必须认真控制生活。她定下的第一个目标是完成博士学业,她做到了。随后她定下了第二个目标,并在6个月之后实现——她创立了属于自己的科技公司MicroDisplay公司,生产用于高清电视显示器的硅基液晶芯片,这个芯片已在全球范围内应用于头戴式显示器、高清电视、笔记本电脑和投影仪产品。

吉普森不断立下一个又一个新的目标,并不断坚持实现它们。她被时代杂志评为全球最具影响力的百人之一,2013年因其在显示创新方面的工作而被美国有线电视新闻网(CNN)评为十大科技思想家,她已发表或颁发的专利有200多项。她还是"一个孩子一个笔记本电脑"(OLPC)的联合创始人和第一任首席技术官,在谷歌X创立并领导了两次登月计划。她的成绩还有很多,都令人瞩目,而人们也很难想象取得这种成就的人,竟然是一个患者。

当然，能够取得这些成就不完全取决于她的努力，她自身的才智也是重要原因。但正像她最初怀疑的那样，大脑已经不完整了，才智还存在吗？这种怀疑完全可以摧垮她的自信，或者成为她彻底"躺平"的理由。但她并没有这么做，她把压力化为挑战，她加倍照顾自己的身体，她加倍实现自己对于人生的承诺，她主动选择了高压的创业工作，她珍惜着每一个能够自由呼吸空气的日子，她把生活牢牢控制在手中，并用一个又一个成功证实了她的自信。

我们身边不乏这样的例子。失去了双腿的舞蹈演员装上假肢继续在舞台上追逐梦想，双目失明的运动员在滑雪场上感受飞翔的快乐，先天糖尿病的16岁姑娘在体能竞赛中顺利通过了所有挑战并破记录。比起很多常见的社会心理压力，失去了身体健康可能才是最大的压力，但这也没有阻止这些抗压能力强的人去拥有和普通人一样、甚至更加精彩的生活。当然，每个人的生活境遇不同，这些"励志故事"的主角们当然也都是拥有强大社会支持和资源的人，他/她们肯定也不是独身一人在面对压力。

但是如果我们反过来思考一下，假如说身体上的压力可以靠着强大的心理力量来缓解，那么心理上的压力是否可以通过强化我们的身体来缓解呢？我们会在下个部分详细讨论这个问题，现在还是让我们先看看，为什么在日常生活中会有很多现实问题阻碍着我们成为这样抗压能力强的人？信守承诺、保持自信、努力控制、直面挑战,这些道理我们都懂,但为什么到了不同的压力环境下,我们似乎就做不到了呢?

我很确定蒂凡尼听到最后一句话的时候发出了嘲笑的声音。

"你笑什么?"我疑惑地问道。

"解决压力问题要真的这么简单,靠个人的理想化特质就能解决一切问题,那人类老早就冲出银河系,走向全宇宙了。"

"难道不是吗?你看我们这个时代的各种幻想作品里,不管超级英雄还是超级恶棍,都是能力封顶,坚守承诺,自信冷静,掌控全局,喜欢和压力正面对抗,所以不管是拯救世界还是毁灭世界,都能做到极致——这不也是人类幻想中的对抗压力的极致吗?"

"正是因为你们人类自己做不到,才会出现这些幻想的。"蒂凡尼反唇相讥,"道理都懂,但是做不到,这正是人性的弱点啊。"

"但也是人性的多样性不是吗?全都是超级英雄或者超级恶棍,这个世界也不知道被摧毁几亿回了。"我也咧嘴笑了起来。

· 假如目标无法实现，我们该怎么办？

在人际交往中，承诺和遵守承诺是获取人际信任的关键。一个可靠可信的人，必然是一个信守承诺的人。而承诺也不仅仅是对他人的承诺，更包括对自己的承诺。我们为自己定下的承诺就是我们前进和奋斗的目标，它也是我们努力提升自己的动机。一个目标明确、动机充沛的人，为了不断完成前进道路上的目标，也需要很多有益的特质，例如勤奋、毅力、顽强、专注。

虽然看上去承诺（制定目标）似乎是我们行动的第一步，决定我们是否敢于承诺的因素却也很多，自信、控制和挑战都会影响它。一个对自己的能力或社会支持网络有信心的人，一个愿意主动控制生活和正面未知的人，一个总是会在危机中看到挑战的人，会更加主动自愿的做出承诺，也更有力量去实现承诺。对于这样的人来说，一旦定下目标，他们就会努力实现；而他/她们也会真正去享受实现目标的过程，而不只是一味看重结果。

"万事开头难"。制定目标确实也不简单；在宏观尺度上看，我们寻找人生意义、实现人生价值的过程，就是一次又一次制定人生目标并达成目标的过程。因此目标是我们适应生活的动力，指导我们的心智成熟和发展，也能帮助我们确定自己的身份。

有时候，因为多种原因，我们可能无法实现自己的目标。例如，我的人生目标之一是拥有一间乡村小别墅和一座小花园，但是以我自己目前的收入水平和我所居住的城市的房价，这个目标只是个奢望。这个无法实现的目标会一直提醒我现实的残酷，让我感到痛苦和对生活的不满意。在这种情况下，为了提高我的主观幸福感，我不得不进行目标的调整。

卡斯滕·罗施(Casrsten Wrosch)提出了目标调整理论[1]：当人们面对受阻的目标时，调整目标是有益的。目标调整包括两个组成部分：脱离目标和重新参与其他目标。目标脱离表现为减少对当下目标的努力和撤回对当下目标的承诺；目标重新参与表现为确定一个新的目标并为之努力。

我们并不是随意进行目标调整；很多目标的调整都有着客观的原因。有一些目标本身就会随着时间的流逝而变化，例如生理健康；随着我们年龄的增加，健康这个目标的实现机会也会不断下降，而我们对于健康这个目标的标准可能也会不断发生改变。年龄的增长和社会角色的变化也会导致不同目标之间发生冲突，想要和家人生活在一起的目标和去拥

---

1 Wrosch, et al. (2003b). Adaptive self-regulation of unattainable goals: Goal disengagement, goal reengagement, and subjective well-being. Personality and Social Psychology Bulletin, 29(12), 1494−1508.

有更好资源条件的城市求学求职的目标之间,我们很可能不得不放弃一个。消极的生活事件和社会环境的变化可能也会影响我们的目标实现,当我们不得不承受丧失亲人的痛苦时,我们的生活目标也会被迫改变。而在日常生活中,我们最常进行的目标调整可能就是源于个人资源的选择性投资和成功发展的要求:个人资源是有限的,我们必须选择如何投资自己的时间和精力以及追求哪些目标。为了将个人资源集中于处理生活中最重要的任务(例如事业和经济独立),我们可能不得不停止追求其他目标(例如休闲娱乐和与家人相处的时间)。

能够及时从无法实现的目标中脱离是一件幸事,而失败的目标脱离可能导致抑郁性沉思(冗思)。冗思[1]是一种消极的认知过程,是指一个人总是反复回想和思考过去的消极经历、事件或问题,并在脑海中反复咀嚼、分析和评估这些事情。这些难以抑制的自动化思考过程会加剧人们的消极情绪,带来持续的困扰。冗思也是抑郁症的一种常见症状。同样,即使可以成功地脱离目标,却找不到有价值的替代目标,同样会造成较大的心理困扰。有时候人们也不需要完全脱离眼下目标之后再去寻找下一个目标,在精力和时间允许的情况下,

---

[1] Smith. (2009) A roadmap to rumination: a review of the definition, assessment, andconceptualization of this multifaceted construct. Clin Psychol Rev. 29(2): 116-28.

眼下目标和替代目标可以同时追寻。目标再参与可以为我们提供生活的目的和意义，或者加强它，从而减弱或消除原先目标无法实现时的挫败感和无力感，也防止我们经历无目标时的空虚感。而在追求有意义目标的过程中，我们也会重拾或加强对生活的控制感。

让我们回到那个无法实现的花园别墅的目标上来。我并不需要完全放弃和脱离这个目标，我会调整这个目标的内容，将"以个人能力买下花园别墅"的目标换成，"我现在能够以个人能力买下花园别墅的概率可能只有1%，我可以通过不断努力提高这个概率"。但考虑到这个目标的不确定性和长期性，我需要再制定一个可以马上参与的替代目标："在我目前的经济承受能力范围内，购买或者租赁一间能够满足我基本生活需要的房间，并以能够提高我幸福感的方式来改造它"。一方面，我不再花时间懊恼为什么自己没有能力获得很多人已经拥有的"梦中情房"，而把这个目标作为不断激励我努力的动力；另一方面，我的主要精力花在一个更加可行的目标上——拥有并装饰一块属于我自己的小天地。我可以将房间装饰成我喜欢的乡村风格，可以购买那些让我感到幸福和快乐的小物件摆放在房间的角落里，房间的面积虽小但也可以通过合理的布置和安排来让它井井有条。最后，虽然没有小花园，但我也可以找一个面积稍大的阳台，在阳台上打造一个微型花园。

这个世界上有无数难以达成的目标,但如果我们不根据实际来调整这些目标,它们就会成为无法跨越的深沟和阻挡道路的高山,消磨我们进行承诺的勇气和执行承诺的信心。所以,不要浪费时间在这些目标上,更不要把自己的目标和他人的目标进行比较。目标应该是我们实现人生幸福的手段,而不是让我们变得不幸福的根源。

听到这里,蒂凡尼望了一眼阳台,插嘴问了一句:"那你的阳台小花园在哪儿?"

我苦笑了一下,捏了捏小黑的耳朵:"有你们四个宝贝,谁还需要小花园啊。"

· 你有拖延症吗?

和做出承诺、遵守承诺相反的行为是推托和拖延。爱德华·琼斯(Edward E. Jones)和史蒂芬·波格拉斯(Steven

Berglas)提出过一个"自我妨碍"(Self-handicapping)的概念[1],指一种避免努力、希望避免潜在的失败伤害自尊的认知策略;人们放弃努力或为成功制造障碍,以便他/她们能够维持公开或私下的自我形象。推托和拖延就是这种"自我妨碍"的典型行为表现,它们以牺牲成功为代价,在人们(刻意)表现糟糕时维护人们的自尊。一个学生可能会选择在重要考试的前一天晚上不去复习和获得足够睡眠,而是通宵参加派对和过量饮酒。这样当他/她考试不及格的时候,就可以以疲劳和宿醉为借口,而(自我欺骗式的)掩盖了自身能力不足的事实。

拖延在学习、工作和日常生活中是个普遍现象,但对于很多人来说,他/她们只是习惯了把事情放到最后一刻去做,但最终还是会完成这件事,并且每次都做得很好。这并不能算是"拖延症"。人们只是选择把优先权给了其他事情,但依然留下了足够的时间来完成。人们只是觉得没有必要过早开始这件事。人们可能有多种处理任务的风格:有些人会首先完成最困难的任务,然后再享受做剩下那些容易做的事情的过程,他/她们被叫做清教徒式的任务处理者;有些人会首先完成容易的事情,把困难的留在最后,他/她们被叫做享乐主义者;有些人则没有任何优先偏好,随机挑到什么任务就做什么任务,他/

---

[1] Jones, et al. (1978). Control of attributions about the self through self-handicapping strategies: The appeal of alcohol and the role of underachievement. Personality and Social Psychology Bulletin. 4(2): 200–206.

她们被叫作赌徒型的任务处理者。这些任务处理风格并无优劣之分,只要有效完成了任务,就是最好的方式。

只有当拖延导致了承诺无法达成,才是真正困扰人们的自我妨碍。琼斯等人制定了一个25条目的《自我妨碍量表》[1](self-handicapping scale),通过6点评分来衡量人们平时进行自我妨碍的程度。

我从这个量表中选择了一些问题,大家不妨简单自测一下,看自己的膝盖是否"中箭":

> 当我做错事时,我的第一反应是责怪环境。
> 我倾向于把事情拖到最后一刻。
> 在考试或"表演"之前,我往往会非常焦虑。
> 当我尝试阅读时,我很容易被噪声或我自己的创造性想法分散注意力。
> 我尽量不过度参与竞争性活动,这样即使我输了或表现不好也不会受到太大伤害。
> 我更喜欢现在的小乐趣,而不是朦胧的未来的大乐趣。
> 我通常讨厌处于"最佳状态"以外的任何状态。
> 对于体育运动、纸牌游戏和其他衡量才能的活动,我

---

[1] Jones, et al. (1982). Self-Handicapping Scale [Database record]. APA PsycTests.

> 经常觉得自己遭受的厄运比别人多。
>
> 我经常过量摄入食物和饮料。
>
> 有时我喜欢小病一两天，因为这样可以减轻压力。
>
> 有时我会非常沮丧，以至于即使是简单的任务也变得困难。

这些题目中体现了很多我们在日常生活中拖延时为自己寻找的借口。责怪环境、被噪音或自己的想法干扰、避免竞争、只关注眼下的即时满足、如果不能进入"最佳状态"就什么也做不了、责怪运气不好、把失败归结于健康或情绪。事实上，把失败归咎于客观环境而非主观意愿或能力并不是什么大问题，这是一种常见也正常的自我保护心理。出了事，我们的第一反应是责怪环境或他人，而不是责怪自己，这也是为了避免我们出现过度内疚和自责的消极情绪，从而伤害到自己。通常情况下，我们的理性会帮助我们分析问题，找到原因，总结经验，避免重蹈覆辙。我们也会抑制住推卸责任的冲动，直面问题、解决问题。如果我们放任这些冲动，它们就可能成为我们成长道路上的绊脚石，让我们不断自我妨碍。

"习惯了把事情放到最后一刻去做，但最终还是会完成这件事，这不算拖延症？"蒂凡尼又开始嘲笑我了，"你还真会给自己找借口。"

"给你写程序的人到底怎么回事,怎么一只人工智能猫这么喜欢嘲笑人类,你确定你不是残次品吗?"这几天关系混熟了,我也学会了反唇相讥。

"转移话题是吗?你这本书花了多久才写好啊?"蒂凡尼不买账。

"那个我……我不是因为忙嘛……而且没有灵感啊……"我的声音越来越小。

·如何停止自我妨碍?

在《专注力》[1]这本书里,于尔根·沃尔夫(Jurgen Wolff)提到了一种很有趣的说法。人们之所以会总是逃避不了拖延的诱惑,是因为我们的心理和行为也会遵循牛顿第一定律:任何物体在不受外力作用的条件下,都将保持静止或匀速直线运动状态。

刚吃完饭的你已经感到九分饱了,这时你的同事带给你

---

[1] 沃尔夫(2013)专注力:化繁为简的惊人力量。机械工业出版社。

一小块蛋糕，闻起来十分美味，你知道此刻如果吃下这个蛋糕一定会感到撑，但蛋糕的香味萦绕在你的鼻间——是现在就吃掉它享受着美味，还是忍耐三个小时等到下午茶时间？

你的家庭医生告诉你，你的工作让你不得不每天保持长时间的久坐，这对你的健康十分不利，你应该利用空余时间多多运动。于是你在公司附近的健身房里办了一张卡，立志要每周至少花三天时间下班后健身一小时。但是每天下班之后，你都发现自己更想要早点回到家里，躺在舒服的沙发上看电视剧。为什么你明知道运动对健康很重要，也花钱办了卡，却总是走不进健身房的大门？

牛顿第一定律也许可以很好的解释人们的选择。从佳肴到美味零食，从办公椅到沙发，在不做出任何主动改变的情况下，我们总是会维持相同的状态。饮食过量和久坐不动都是很容易养成的生活习惯，而众所周知要改变习惯，不付出相应的努力是不可能的。但是，那些想要改掉的习惯，往往代表着最有诱惑力、最吸引人的事物。我们明明知道零食大多都是高热量高碳水而营养成分低，但它们太能迎合我们的感官刺激，让我们欲罢不能。我们明明知道"生命在于运动"，但是一天的工作已经很累了，运动健身也很累，而且好不容易有了下班的自由时间，为什么不把这些时间花在那些让我们真正快乐放松的事情——例如打游戏、吃大餐、躺平刷手机呢？选择那些能够马上带给我们快乐的事物代表着一种即时满足，它们总是和我们强烈的感受和情感相绑定，是我们最显而易见的选择；而那些往往需要付出一些努力、需要坚持不懈、无法立即收获眼前利益但有可能在将来带给我们更好结果的选择（延迟满足），却需要我们进行理性判断、逻辑推理和长线投资。

我们的态度是决定自己是否会拖延的关键。因为我们的本能偏好那些带给我们即时满足的选项，当我们没有足够的动力和自控力去改变时，我们会自然而然地从环境中寻找借口，以使我们的选择合理化。

我们常常会听到这样的话：

> "我没办法早睡，半夜12点之前我就是睡不着。"
>
> "我不能早起，我也不能准点上班，我总是会迟到，因为我昨天睡得太晚。"
>
> "我知道医生诊断我有糖尿病，需要控制碳水，但是我就是不能不吃那些升糖快的精制碳水化合物，因为我的生活习惯不能被打破。"
>
> "我知道医生说我心脏不好，要严格禁酒，但是和亲朋好友一起吃饭我必须要喝酒，不喝酒就是不给我的朋友面子，也丢我自己的面子。"

拖延的行为也是如此。人们可能有无数的理由来对一件事拖延，例如完成所有任务所需要的条件不足，最后一刻完成任务的那种刺激感让我充满了快感，完美主义者的我觉得如果不能完美做完这件事不如不做，这个任务是被强加给我的所以我要用拖延来反抗，完成任务的过程太枯燥了我受不了等。

就像上面举的那些例子一样，当人们想要拖延改变一些习惯或者拖延完成某个任务时，他们常常会使用"不能"这个词，就好像拖延是一种身不由己、无法控制的状态。但我们都知道现实其实并不是"不能"，而是"不想"。上述这些拖延的理由都并不是充分且必要的原因。

让我们来拆解一下这些常见的借口——

<u>完成所有任务所需要的条件不足</u>：你并不需要一蹴而就完成所有任务，你可以把任务分解成若干个小任务，先从最简单的、耗费资源最少的开始，能做多少是多少。不开始尝试，你永远不可能对情况做出最准确的预判。

<u>最后一刻完成任务的那种刺激感让我充满了快感</u>：生活中有很多挑战自我的活动都可以满足你的刺激感，你并不需要在完成工作的过程中寻找刺激感。

<u>完美主义者的我觉得如果不能完美做完这件事不如不做</u>：做事追求极致的完美是一件好事，但是追求完美却又拒绝面对问题，只会让自己不断陷入绝望和痛苦。在完美和完成任务之间，你应该优先选择完成任务；当你用最高效的时间完成了任务，你才有足够的时间和自由来让它更加完善和完美。

这个任务是被强加给我的，所以我要用拖延来反抗：任何人面对被强加的任务都会心存愤怒和怨恨，这让你感觉到自己的控制权被剥夺。为了平息愤怒和获得控制感，选择拖延似乎是情理之中的事情。但事实上，你完全可以直接表达你的愤怒和不满，而不是浪费你自己的时间去进行拖延——当任务没有完成的时候，强加任务给你的人还是会收到你的仇恨信号，只是那时你很可能会面对更严厉的惩罚。

完成任务的过程太枯燥了我受不了——这也许正是大多数人进行拖延的真正理由。假如完成任务的过程对我们来说是有趣的，我们可能早就做完它了；但是在我们有限的时间里，比眼下这件工作有趣的事情可太多了，我们自然很难被它所吸引，也会不情愿在它身上花时间。这可能才是我们"不想"的真相，因为我们"想"做的是其他事情。

为了把"不想"变成"想"，我们只能付出一些努力，让这些会被我们拖延的工作变得生动有趣起来。例如，我们可以在工作开始之前去尽量想象工作完成之后我们内心的喜悦和满满的成就感，想象提前完成任务时获得同事或上司的奖励和认可，可以将工作的完成进度和心仪的奖励联系在一起（例如完成一半给自己奖励一顿大餐），将完成工作想象成游戏里的打怪升级，想象自己每完成一小部分工作就成长和成熟。这些将成功具象化的方法可以在一定程度上克服枯燥乏味带来的心理痛苦，给我们增加更多的动力。

当然,真正的动力还是需要自己给。最好的让"不想"变成"想"的方法,就是什么也别想。尽早开始,尽早结束。赶在最终期限之前完成的刺激,还是比不上提前完成工作、发现自己突然多了很多可支配时间的喜悦和放松啊。

"我今晚能不能吃个鱼罐头?"蒂凡尼突然问我。

"不能。"我斩钉截铁地说。

"是你不能,还是你不想?"蒂凡尼眼中闪过一丝诡谲。

· 人们为什么会自我贬低?

自信是我们对自己和自己能力的信心;在心理学的范畴里,自信和自尊的概念比较相似,都是对于自己的积极评价,虽然自尊更强调对自己的欣赏和重视程度。我们的自信会随着环境的改变而改变：对于熟悉和有经验的事很有信心，而对于陌生和颇有挑战的事感到不太自信，都是很正常的。因此我们在选择是否信任一个陌生人的时候，会更愿意相信一个充满自信的人——毕竟连自己都无法相信自己的能力，怎么能指望别人相信呢？

因此，为了获得他人的接纳，我们需要努力保护和维持我们的自我形象。莫里斯·罗森伯格（Morris Rosenberg）的自我概念理论[1]（self-concept theory）认为，有两个核心动机在自我概念中发挥关键作用——自尊和自我一致性。自尊使得我们对自己保持积极的评价，而自我一致性促使我们不断努力验证自我形象（即使这种形象和评价是负面的）。自我一致性动机强烈的人可能会表现的比较自我封闭，他/她们倾向于拒绝接纳那些和自己的价值体系、自我观点不一致的想法。

蒂莫西·欧文斯（Timothy J. Owens）提出了一个很有意思的观点[2]，在有些情况下，消极的自我构想可能有助于维持一个可行的自我系统和一种可预测的社会关系。通常情况下，当我们能够更好地预测人际关系和身边人的反应，我们的自我概念就会比较稳定，也能够帮助我们更成功地适应社会现实——如果我们对于他人的期待过于积极，一旦无法获得相应的回

---

1 Rosenberg (1979). Conceiving the Self. New York: BasicBooks
2 Owens (1993) Accentuate the Positive-and the Negative: Rethinking the Use of Self-Esteem, Self-Deprecation, and Self-Confidence. Social Psychology Quarterly, 56(4): 288-299

应，我们的自我概念很可能会受到伤害。当我们确信无法获得他人的积极反馈时，进行消极的自我构想和自我评价（例如自嘲），可能会增强我们对预测和控制的感知，也会减少失望所带来的的心理伤害。

自尊动机认为，我们每个人都希望得到积极的反馈性评价，因此我们也会去积极追寻这些评价。但在有些时候，做出消极自我评价的人也会积极寻求他人对自己的消极反馈，具体可能出现以下四种情况：（1）自我评价较低的人可能会通过收集和了解他人的消极反馈，以识别和纠正自己的问题；（2）自我价值感低的人可能也寻求批判性的伙伴，希望能够通过自己的不懈努力来赢得他们的认可，证明自己的价值；（3）持有消极自我概念的人，可能会试图通过选择那些提供不利评价的伙伴，来验证他们的消极自我态度；（4）持有消极自我评价的人，会倾向于认为那些总是给予自己消极反馈的人具有智慧和洞察力，和其建立关系会带来满足。现实总是如此出人意料：人们不仅会进行自我贬低，还会和那些不停贬低自己的人建立亲密关系。

虽然自我贬低是一种常见的防御机制，但它和自我效能感是相矛盾的。阿尔伯特·班杜拉（Albert Bandura）最早提出自我效能感这个概念[1]，指个人相信自己有能力以达到特定目标所需的方式行事，它会强烈影响人们实际应对挑战的能力，以及人

---

[1] Bandura (2006) Guide for constructing self-efficacy scales. Self-Efficacy Beliefs of Adolescents (pp 307-337) Information Age Publishing.

们在挑战应对的过程中所做出的选择。自我效能感高的人将挑战视为需要积极采取行为的目标和动力，而不是需要避免的威胁；即使失败，他/她们也能够更快的从失败中恢复过来，并从中吸取教训——"我需要更加努力"。反之，自我效能感低的人会将困难的任务视为个人威胁并回避；在面对艰难的任务时，他/她们会花更多时间懊恼自己缺乏的技能，而不是想办法利用已经拥有的技能；失败后，他/她们会进一步对自己的能力失去信心。

显然，较高水平的自信对应着较高的自我效能感；而较高水平的自我贬低则对应着较低的自我效能感。自信的人会更加关注自己不同程度的能力和效能，会有选择地解释事件并以积极的方式去记忆这些事件，突出成功和奖励，并修改回忆以支持有利的自我概念、自我形象和自我评价，也会使自我效能和自尊不断提升；而自我贬低的人则会否认自己的效能。也许在一个恶意环绕的世界里，自我贬低可以保护我们不被周围的消极反馈所伤害，却也阻止了我们去努力获得积极评价，去获得成功。

自信与前文提到的自我妨碍也有密切关联。低自尊的人会更常遇到怀疑自己能力的情境，他/她们相比于高自尊的人也会使用更多的自我妨碍策略[1]。也许正因为自尊程度已经比较低

---

[1] Coudevylle, et al. (2011) Self-esteem, self-confidence, anxiety and claimed self-handicapping: A mediational analysis. Psychology of Sport and Exercise, 12: 670–675.

了，他/她们会更加在意自尊，更加不希望自尊受到伤害，所以会更倾向于借助客观环境归因来避免伤害。但这并不能够帮助他/她们提升自己的能力，于是他/她们很可能遭遇到更多挑战自尊的压力事件。

自我贬低或自嘲很容易让我们联想到一种文化现象——"丧文化"，这是自2016年以来流行于中国大陆80年代和90年代中的一种网络流行文化，它源于生活压力下的消极情绪和消极行为，也不乏"我已经是个废人"之类的自嘲。通过丧文化式的降低期待和目标，对得失看淡，避免陷入绝望的泥潭，对于很多身处逆境之中的年轻人来说确实能够起到一定自我保护的作用。但就像前文中提到的那样，"丧文化"和自我贬低虽然可以为我们脆弱的心灵筑起一道高墙，阻挡外界的风霜雨雪，但也可能让我们成为井底之蛙，错失高墙外的美丽风景。

人们不应该对自我贬低或自嘲的人们横加苛责，这样做，只是在他/她们那充满了消极反馈的世界雪上加霜罢了。在一个充满了否定声音的环境中仍然保持积极的自我评价需要太多的勇气和毅力，而勇气和毅力都是耗费能量的，更需要付出巨大的努力。在一个充满了荆棘的世界里手无寸铁、身无寸缕地进行探索，必然会以遍体鳞伤为代价；这时候，筑起一面心灵的高墙，帮助我们阻挡荆棘的尖刺和狂风的冰冷，暂时躺平，获得宁静和平缓。在足够的休息和疗愈之后，再次鼓起勇气出发,或许才是更可行的方法。社会和家人应该给予的,是对他/她们的肯定和认可,这些他/她们真正渴望的积极反馈才是那能够照耀高墙的阳光,帮助他/她们走出高墙。

"躺平多舒服啊,我最喜欢躺平了。"蒂凡尼像一张饼一样摊平在地板上,仰头看着我说。

"那是因为你有我拼死拼活工作赚钱养家啊。"我哭笑不得。

· 为什么和人打交道会让我感到焦虑不安?

在任何社交场合,我们总是能看到两类截然不同的人。一类人和任何人都能自来熟,任何话题都能接得上嘴,总是会不由自主地就成为注意力的焦点，而他/她们也乐在其中，没有丝毫的尴尬和不适，人越多越来劲，仿佛鱼儿游在大海里一般轻松自然。这就是我们常说的"社牛"。而和"社牛"形成鲜明对比的就是"社恐"，他/她们总是独自坐在最不起眼的角落，避免和任何人的沟通交流，或者只和相熟的人说话。如果有陌生人向他/她们打招呼，他/她们会十分局促不安，话题也往往很难自然进行下去。

理论上，我们都希望自己受欢迎，因为它暗示着更多人对自己的价值和能力的肯定。但这可能反过来成为我们的焦虑源——我们害怕自己不受欢迎，因此也会避免那些可能会暴露我们不受欢迎的现实的场所。造成"社恐"（社交焦虑）的原因很多，吉莉恩·巴特勒（Gillia Butler）在《无压力社交》这本书中提到的社交焦虑的"脆弱点-压力模型"[1]能够很好地解释这些原因。

可能诱发我们社交焦虑的脆弱点包含生物因素、环境因素和创伤经历，它可能是生理性的，也可能是心理性的。例如天生对压力过度反应的生理素质，充满压力和焦虑的家庭环境，内向的性格气质，对外貌体型的不自信，缺乏社交技能或对社交规范不熟悉，在与父母或同龄人的相处中学会了总是以逃避的方式来面对问题，总是孤独地面对所有压力而

---

[1] 巴特勒（2018）无压力社交：一本写给社交恐惧人士的自助指南。中国华侨出版社。

无法获得帮助，遭到父母或他人的虐待或忽视，遭到过欺凌、否定、嘲笑、拒绝或其他不公平的对待。而压力可能来源于内部，例如对成功的渴望；也可能来源于外部，例如他人的反应和态度。社交焦虑的人在特定场合可能会引发一种难以控制的恐惧——对可能出现的尴尬的恐惧；一想到自己可能会说出不合时宜的话，做出不合时宜的行为，可能会遭到所有人的取笑，再想象一下其他人可能对自己的批评和否定，就会让人头皮发麻，如坐针毡。而一旦人们开始感到焦虑，就会开启一段恶性循环，让焦虑持续并恶化。别忘了，焦虑正是对预期发生的事情的恐惧。

除了想象中的他人负面反应和评价，焦虑会引发一系列生理和行为反应，例如因为担心自己说错话而局促不安或说话断断续续，而对这些身体反应的过度觉察有时会让人更加焦虑。

戴维·克拉克（David Clark）和阿德里安·韦尔斯（Adrian Wells）提出了一个更详细的社交焦虑模型[1]。社交焦虑的人在社交或表演情境下持续感到恐惧和焦虑，这些消极情绪的程度远远高于实际威胁程度。社交焦虑的人会把社交情境作为威胁的根本原因是担心遭到他人的负面评价，他/她们对此持有一种无法控制的信念或猜想：（1）我可能会表现得无能，从而无法

---

[1] Clark, et al. (1995). A cognitive model of social phobia. (pp. 69–93) Social phobia: Diagnosis, assessment, and treatment. The Guilford Press.

被大家所接受；（2）我的行为会带来灾难性后果，他人会认为我是无价值的，我可能会失去我的社会地位，会被大家拒绝。无论是在社交情境之前还是之后，社交焦虑的人都会对这些事件和结果过度担忧。

想象这样一个场景：

刚刚开始在美国留学的小安接到了同班同学的邀请，去参加一个生日派对。有着社交焦虑的他第一反应是拒绝，他从来都不是一个"派对生物"，他认为自己和那些欧美同学格格不入，这些学生从小到大都习惯了参加各种派对，习惯了和各种陌生人侃大山。而"我不属于他们，我与他们不同"。但舍友十分想去，也极力撺掇小安陪他一起去，他最终还是硬着头皮答应了。在参加派对之前，小安十分焦虑。他觉得自己到时候一定想不出该说什么，也不会有人对他这个腼腆的中国人感兴趣。自己的口语不好一定会惹笑话，肯定只能是在角落里枯坐一晚，想象一下那时候的场景都会觉得十分尴尬。最终，他终于来到了生日派对上，为了避免尴尬，他找了一个最不起眼的角落坐着，生怕有人会看到他。

此时，小安的注意力全部集中在自己身上，他意识到自己的焦虑症状让自己轻微颤抖、手心全是汗，他感觉自己脸颊燥热，可想而知一定是满脸通红。他连忙把头垂得更低，避免让别人看到自己的脸。他觉得自己这个样子看起来一定蠢极了,但他又觉得如果被别人看出来自己的局促不安一定会显得更蠢,所以他的头不由得埋得更低了。偶尔有人会来跟他打招呼,或者坐在他身边的沙发上,但他因为过于在意自己的面红耳赤,无法集中精力思考,说话也开始变得语无伦次起来,这让他更加恐慌。他开始花更多时间思考自己该说什么,这让对话陷入了漫长的沉默中。他不敢去想象自己在别人眼里的样子,他甚至不敢去看跟他交谈的对象,但他总忍不住去揣测对方的看法。"他们一定以为我疯了,讲话乱七八糟的,一定认为我是个无聊和无趣的人,没有人会喜欢我,所有人都会讨厌我的。"他绝望地想。

虽然他并没有真正和派对上的人交流多少,他依然认定自己是这个派对上最滑稽、最丑态百出的那个人。这种想法让他喘不过气,最终他借口身体不适逃离了派对。

小安的焦虑症状十分典型。这种社交焦虑源于功能障碍性的信念和假设,人们可能秉承着如下三类信念和假设:(1)对社交表现过高标准的假设,如"我必须表现得聪明、冷静、自信""我要打造一个风趣幽默的完美人设";(2)对社交评价的条件性信念,如"我只要犯下一个小错误,就会遭到其他人的无情嘲笑","我如果讲错一句话,我会成为全班的笑柄";(3)对自我无条件的错误信念,如"我是一个无趣的人""所有人都比我优秀""人们认为我的性格太古怪,没有人想要接近我"。这些信念和假设是焦虑的根源,会在涉及到任何需要和人打交道的事件时自动激活我们的"焦虑程序",此后焦虑开始成为主宰一切的情绪。

在这些信念和假设的影响下,社交焦虑的人会直接得出结论,社交情境是危险的,并预测自己的表现一定会很糟糕。而他/她们的躯体反应也会不断验证这些消极的预测。一旦这些预测被证实,他/她们也会认定自己的消极评价都是真实的,而他人也会和自己一样,得出同样的消极评价。这些自我验证会导致焦虑和恐惧进一步升级,躯体症状加剧,再次加强他/她们的错误信念。更重要的是,处在社交焦虑下的人会增强自我关注和自我意识,这会让他/她们对躯体反应和消极想法过度关注,根本无暇注意到周围环境和他人的反应。即使他人表现出善意,表达了肯定、赞扬或鼓励,他/她们可能也看不到。

处在社交焦虑影响下的人也会倾向于采取安全行为,例如躲避眼神交流从而避免对方的态度带给自己伤害,过度深思熟虑以确保自己说的每句话都有意义等。但这些安全行为是有问题的,克拉克与韦尔斯认为它们会"阻止对不切实际信念或这些行为后果的明确证伪"。人们采取这些安全行为只是觉得这样会带给自己安全,但实际上他/她们的恐惧和焦虑依然在持续——小安的经历充分说明了这一点。

事后,社交焦虑的人也会详细回顾社交互动,这种回忆也会受到过度关注自我感受和消极自我感知的偏见影响，于是他/她们再次得出结论——社交情境都是充满威胁的，我是不可能做好的，这也会再次加强他/她们的信念和假设。

社交焦虑的人可能会给人一种不开朗不可靠的感受，而与人相处的场合也会成为他/她们的压力和焦虑源，更重要的是，这也会损害他/她们的人际自信，降低他/她们应对压力的能力。如果是比较严重的社交焦虑，是需要到医院或心理咨询中心接受专业帮助的；但如果是相对轻微的社交焦虑，可以尝试通过一些平时的练习来获得改善。

· 如何克服社交焦虑？

巴特勒建议，我们可以从三个方面来克服社交焦虑：减少自我关注、改变思维模式、改变行为模式。

我们可以通过一些注意力训练来减少对自我的过度关注。由于社交焦虑状态下人们的注意力主要集中在内部躯体感觉，此时可以通过一些主动的注意力转移练习来尝试对外界环境进行关注。焦虑不安的小安此时可以尝试深呼吸，然后把注意力尽量转向人比较少的地方，例如墙角、天花板和窗外。观察墙角的落地灯是什么样的？什么颜色？什么形状？光线此刻是什么样的？灯罩是什么材质？窗外能看到什么？天气如何？周围除了人声，还有什么其他声音？背景音乐里在放什么歌？当感觉自己稍微平静一点之后，可以观察一下周围人的衣服是什么样式和颜色的？他/她们都有什么样的肢体动作？把自己纯粹当作一个客观观察者，但观察的主体不再是你自己，而是你周围的人和物。

当然，处在一个陌生的社交场合里，有太多难以控制的因素，此时进行注意力转换的练习是相当困难的。想要减少社交焦虑所带来的困扰，需要在平时就多做练习，而且尽量在一个安全的环境下开始。寻找一位熟悉的好友或是家人的帮助，和这些带给你安全感的人进行谈话，在谈话过程中先将注意力集中到自己身上（内部关注）3～5分钟，然后再将注意力转移到外部环境或面前的人身上（外部关注）3～5分钟，对比两种关注条件下谈话的效果和你的焦虑感受。假如将注意力集中在外部比较困难，你也可以尝试和朋友一起找到产生困难的原因，然后多加练习。

我们也可以以一种旁观者的身份来观察周围人的社交，这种方式避免了自我的卷入，也能够让我们站在全局的视角客观看待社交场景下的各种角色。小型的社交场合无处不在，从课堂讨论到餐馆，从地铁公交车里到火车站和机场的送别人群，甚至可以跟着影视剧里的镜头来观察。作为旁观者的你并不是要去偷听或者窥探他人的隐私，而是希望通过这些好奇心训练来认识到如下的事实——

很多人在交谈的时候内心都不平静，但是外表上并没有表现出任何异样；社交焦虑者的感受往往比实际情况糟糕得多，因此会觉得每个人都能看到自己的紧张情绪——但实际上人们即使真的注意到了这些细微变化，也并不会往心里去，因为这些并不重要。

大多数人并不太注意别人在做什么，他/她们更在意自己的事情。

对于一些日常性的谈话，很多人在交谈的时候甚至都不会在意别人在说什么，他/她们只想尽情表达自己。

大多数人并不会花费太多时间去评价和指责他人，这对他/她们没有任何好处。

每个人都可能会事后懊恼，觉得当时自己的话可以说得更圆滑一些，更有幽默感一些，或者表现得更有风度一些——但实际上没有人能够在任何情况下都做到百分百满意的。人们都只能在有限的时间和当时的躯体反应下做到更好，但完美的表现是不可能的。

接受现实吧，别人真的没有那么在意你的所有细节，不会有人那么关心你到要拿着放大镜来观察你。

每个人都可能会出丑或遭遇尴尬，这是常有的事情，但很多事发生后不久就被大众淡忘了，除了你自己。

这些注意力训练可以一定程度上缓解对于自身的过度关注而被放大的躯体感受。在沃诺克-帕克斯（Warnock-Parkes）[1]等人2020年发表的针对社交焦虑的认知行为干预建议中提到，心理咨询师需要首先帮助来访者认识到在社交场合前后和过程中，都有哪些组成部分维持着他/她们的焦虑感，而具体的干预方法也需要帮助来访者发现自己在各部分的具体想法和表现，并有针对性地进行改善。除了注意力训练以外，也需要通过一些行为实验来测试人们的消极预测和假说，以及消极自我形象和自我印象。焦虑的躯体反应是很难改变的，它们是客观存在的，只能通过注意力训练来减少对它们的关注；但行为和想法是可以改变的。在治疗的早期，重点是识别和改变安全行为（也就是改变行为模式）；而在治疗后期的实验中，重点是解除灾难性的思维和想法。

行为和认知的改变从来都不是一蹴而就的过程，需要系统的训练和循序渐进的积累。事实上，对于生活和情绪的控制也能够帮助我们改善包括社交焦虑在内的很多压力反应，这些我们会在之后的章节里具体介绍。最重要的是，社交焦虑是一个普遍现象，我们所有人都十分在意自己在他人眼中的形象，也十分害怕遭到他人的拒绝和否定。那些看起来"社牛"的人并不是不在意他人的评价，他/她们只是有更多

---

[1] Warnock-Parkes, et al. (2020). Treating social anxiety disorder remotely with cognitive therapy. The Cognitive Behaviour Therapist, 13.

的心理资源、技巧和方法来应对这些消极反馈。人际交往是我们生活中重要的部分,它本应该给我们提供更多应对压力的资源,而不应该成为让我们焦虑和恐惧的源头。万幸的是,我们对它也并不是全无办法。

"你们人类真是奇怪,和同类打交道要考虑那么多乱七八糟的事情。"蒂凡尼撇撇嘴。

"你们猫倒是不社恐,就是天天打架。"我忍不住揶揄她,"我手机里可全都是你挑衅其他猫的罪证呢。关键是你还猫菜瘾大,明明打不过人家还要主动挑起争端。"

"哼,我可是30世纪的人工智能,我要是认真起来那三个家伙怎么可能是我的对手。"蒂凡尼说着就想要亮一亮爪子,突然想起来刚刚被我剪短了,于是又缩了回去。

·为什么我们无法化压力为挑战？

和承诺一样,挑战为我们提供了努力的动机。拉扎勒斯认为挑战是针对压力进行的认知评估的一种结果,是当我们评估了环境需求和个人资源/能力之后,获得的四种结论中的一种。当我们过度关注压力的潜在威胁,就会觉得压力充满威胁;当我们过度关注压力对我们的生活带来的危害,就会觉得压力是有害的;当我们过度关注压力已经让我们失去了一些有价值的资源,就会觉得压力是有损失的;而当我们努力去寻找压力中有可能会带来潜在利益的因素,尝试化危机为成长动力时,就会觉得压力其实是一种挑战。显然,前三种结果关注了压力的消极结果,这些结果是显而易见的也是相对确定的;挑战则是关注了压力的(潜在)积极结果,要获得这些结果往往需要付出更多思考和努力,有更多的不确定性,但也是唯一可以不让我们深陷于恐惧、焦虑、抑郁、悲伤等消极情绪,唯一可以让我们有动力做出改变的结果。

在心理韧性的模型中,道格·斯特里查吉克(Doug Strycharczyk)和克劳夫[1]将挑战行为分为两个水平:一个是对变化和新经验的态度,一个是处理所有结果的情绪偏好性。那

---

[1] 斯特里查吉克,等(2017)心理韧性:内心强大的终极秘密。北京理工大学出版社

些阻碍我们把压力解读为挑战的因素，首先起源于我们对变化的恐惧和对新经验的抗拒，其次源于我们过度关注环境变化所带来的危害和损失。当然，关注资源的损失是为了让我们积极行动，保护我们现有的资源，避免更多的资源损失。当我们的祖先在野外生存时，面前突然跳出一只猛虎，也只有比武松还强悍的人才会觉得这是种机遇——"太棒了，三拳打死它我这两天的饭都有着落了"。但武松毕竟还是凤毛麟角，大多数人的第一反应必然是找地方躲起来或者拔腿就跑，保命要紧。所以我们在面对压力的时候，都会感到挫败、沮丧、焦虑、害怕等消极情绪，这些情绪会促使我们赶紧逃命——因为大自然中的大多数压力都是无法正面硬扛的，恐惧能够让我们更快地反应从而保住小命。

我们的基因可能也没有料到，短短几百年的功夫，我们的生存压力就从洪水、猛兽、饥饿、寒冷，变成了看不见摸不着的慢性生活事件。焦虑让我们时刻警惕环境中的猛兽，恐惧让我们一发现危险就玩命飞奔，但它们都不会长期持续，因为只要我们逃离危险，这些情绪就消失了。但现代社会的压力却更加隐蔽，我们无法解决它们，更无法从它们身边逃离，所以威胁、焦虑和患得患失会一直充斥着我们的内心。人类数百万年的进化之路都是为了让我们最大可能在野外生存，就像拉扎勒斯所认为的，我们的生理机制很可能还没有准备好面对飞速发展的现代社会里那些层出不穷的新型压力。

斯蒂芬·伊拉迪（Stephen Ilardi）在TED演讲[1]时提到一个很有意思的说法："抑郁症是一种文明疾病。"人类学家爱德华·席费林（Edward Schieffelin）长期研究巴布亚新几内亚高地的卡卢利族人，发现在他访谈的2000多名卡卢利人里，只有一个人表现出了抑郁症的相似案例。卡卢利族人都过着十分艰苦的生活，有很高的婴儿死亡率和寄生虫感染率，也有着很高的暴力死亡率。他/她们会哀伤，会愤怒，但他/她们不会情绪崩溃。席费林认为，是卡卢利人狩猎采集的生活方式保护了他/她们不对生活压力反应过激。200年前的工业革命带来了根本性的环境变化，机器取代了繁重的体力劳动，我们不再需要在野外狩猎和耕种——但我们的基因组却没有发生任何变化。我们的身体被设计出来是为了适应野外的追逐、奔跑和食物短缺，而不是为了应对久坐室内、社交孤立、睡眠不足、营养过剩。我们携带的基因、身体和大脑的构造与我们所处的世界存在着深刻的不匹配。这很可能才是抑郁症流行的根本原因。

很多临床医学家和心理学家也有着相同的看法。布兰登·日高（Brandon H Hidaka）在一篇综述[2]里提到，慢性疾病的负担日益增加可能是抑郁症发病率上升的核心原因，而这些

---

[1] Depression is a disease of civilization: Stephen Ilardi at TEDxEmory
[2] Hidaka. (2012) Depression as a disease of modernity: explanations for increasing prevalence. J Affect Disord. 140(3): 205-214.

疾病的高发很可能源于过去人类环境与现代生活的进化不匹配。慢性疾病诸如动脉粥样硬化、糖尿病、肥胖、过敏、哮喘和许多形式的癌症都属于炎症性疾病,都是工业现代化世界里流行的疾病,而在现代原住民群体里却不常见。现代人口越来越过度饮食、营养不良、久坐不动、缺乏阳光、睡眠不足和社交孤立,这些生活方式的变化都会影响我们的生理健康,并影响心理健康的发病率和治疗。

让我们把话题拉回到挑战。在那些原始的危机中,我们并不需要去刻意寻求积极因素和挑战,我们只需要按照本能行动就可以了——打得赢、跑得快,我们就能存活下来,这就是最大的利益。所以这些需要体能、经验和智慧的危机本身就是挑战。现代的慢性生活压力则很少有这种生命悬于一线的紧迫感,通常我们担忧的并不是生命,而是其他我们视为珍贵的人或事物。

"单位裁员,虽然赔偿了一些钱,但没有了稳定的高收入,我的房贷要断供了。我该怎么办?"

"我想要成为一个对社会有价值的人,但我的工作却无聊枯燥,让我体验不到任何价值。我的人生就要这么平平淡淡度过吗?"

"结婚很多年了,我和爱人的生活习惯却依然充满了矛盾,我们每天都会吵架。我该怎么办?"

"我花了那么多钱和时间,就为了让孩子学习成绩提高,但他就是怎么教都不会,每次辅导孩子作业都能气得我吐血!"

……

大自然的危机应对是快速的,但也是残酷的。能力所及之内危机解除,我们就能活下来;超过了能力范围,我们从此也不可能再有任何压力的烦扰。但现代社会的危机应对却往往是一个被无形中延长了的过程,没有了生与死的紧迫感,我们有了足够的时间去应对,却在患得患失中犹豫不决。我们会更加在意那些失去的资源,是因为我们希望在确定的损失、不确定的损失、未来可能发生的损失、未来可能获得的收益中寻找一个平衡点,找到那个最优解,做出最好的应对选择。

所以,在现代社会,把压力解读为挑战说起来简单,实际执行起来确实需要太多的能力、智慧和资源。柯巴沙提到那些坚毅性强的公司高管们之所以抗压能力强,就是因为他/她们十分善于把压力解读为挑战。他/她们认为是自己主动选择了压力,而不是被动卷入压力——因此他/她们有动力调动一切资源和能力去解决压力问题。这种化压力为挑战的方式也许适用于某些工作压力和某些职业人群,例如资源保护理论中那些本身资源就充足的个体或组织,但可能不是适合所有人。有很多压力我们是不可能去主动选择的,我们只能被动进入,例如经济压力。认为一切压力都会以我们的主观能动性去解决,这是对压力的傲慢,也是对客观事实的罔顾。

但也有一个事实是肯定的，有一些压力虽然不能够彻底解决，但是我们却可以通过很多方法来缓解它对我们造成的伤害。如何尽量将压力对我们的伤害降到最小，同样也是一种将压力化为挑战的方式。就像我在《压力心理学》这本书里提到的，将压力化为挑战最好的办法，是增加我们对于环境变化的过程和后果的预测程度，这需要我们的经验积累和知识储备；还需要增加我们对于环境和自身的控制程度。只有压力的不可预测性和不可控性魔咒被打破，我们就可以找到更多挑战的动力，让我们的人生不再是那只能随着生活的巨浪颠簸起伏的孤舟，而是一点一点让它航向目标的轨道。

这也是我这本书想要重点向大家展示的方面——如何提高我们的控制感。心理韧性的控制维度包括生活控制和情绪控制，接下来的两个章节，我将会分别讨论这两种控制。

"确实，人类在进入工业文明时代之后，生活方式的改变速度是令历史学家们都惊叹不已的。连宠物的变化都很大。"蒂凡尼斜了一眼以奇怪姿势瘫在沙发上的小黑，又瞥了一眼在暖气片上睡得不成猫样的小八。

"简直了,为什么这两个家伙看起来比我这个打工人还要倦怠啊?"我真是哭笑不得。

"可能你的压力感传染给他们了。你的抗压能力还有待提升。"蒂凡尼冲我眨眨眼。

"你说得对,快让我撸一撸你的毛减减压。"我伸手抱起蒂凡尼,开心地揉起她柔软的毛发。

第三部分
管理我们的身体

一个阳光明媚的清晨。我带着蒂凡尼在河边跑步,家里的三只前流浪猫现在都已经不敢出门了,好在怕生并不是人工智能猫咪的特性。蒂凡尼背上背着我专门给她买的粉色蝴蝶牵引绳,绳头系在我的腰包上,她轻快地在我前头一路小跑,也引起了路人们惊异的目光——毕竟遛狗常见,遛猫可不常见。

但我此刻觉得更像是蒂凡尼在遛我。虽然

在健身房已经规律健身5年了,有氧、无氧、核心各种训练都算是老手了,户外活动还是做得不多,尤其跑步这种在我看来十分需要忍耐枯燥和无聊的运动。四下无人的时候,蒂凡尼还会嘲笑我的配速,认定我这个速度要跑马拉松,比赛结束了都跑不到终点。

跑了8千米,新买的跑鞋把我脚上磨了个泡,我于是找了个很少有人经过的草坪坐下来休息。蒂凡尼也跑过来,蹲在我脚边。我拿出录音笔,开始继续和蒂凡尼讨论剩下的关于压力的问题。

"既然你接下来要讨论生活控制和情绪控制,为什么要先从身体管理开始讲起呢?"蒂凡尼问道,"当时制定大纲的时候你说过会先给我解释的,现在就是你的机会了。"

"我确实是想要先讲控制生活的,这是我们相信自己拥有塑造生活的能力。但在翻看了那些关于控制生活的量表之后,我开始对这个控制维度产生了怀疑,因为生活的范畴实在是太大了。心理学的研究讲究要对研究对象进行操作性定义,但是生活的操作性定义是什么?我不知道。"我摊开手,"如果我都不知道生活到底是什么,我又该怎么去控制它呢?"

蒂凡尼又短暂发呆了一秒,然后拉开了话匣子:"在你这个时代,人们一般会把生活定义为个体在特定时间段内所经历的一系列活动、经验和存在。它包括人们的日常行为、工作、学习、社交互动、娱乐活动、家庭生活等方面。生活还涵盖了个体与周围环境的互动,包括与他人的关系、社区和文化的参与,以及个体对自身价值观、目标和意义的追求。生活是一个动态的概念,随着时间的推移和个体经历的变化而发展和演变。……"

"好了好了,我知道了。真是谢谢你啊……"我几乎都忘了下定义这件事人工智能才是内行,"所以你看,生活真的是包罗万象,它既包含具体的类似人际互动、工作学习过程、家庭和娱乐活动,又包含抽象的人际关系、价值观和意义寻求,它其实也包含我们的情绪,因为情绪影响着我们的人际关系。它还是一个四维的动态概念,具有随机性和不稳定性。生活中的压力源成百上千,各不相同,也正是因为生活的组成成分成百上千,各不相同。生活控制这个概念实在是过于抽象了,我们说要提高生活控制能力,那么到底是控制生活的哪个组成部分呢?更重要的是,每个人的生活方式和体验都是独一无二的,要怎么去帮助所有人控制他/她们各不相同的生活呢?"

"被你这么一说,确实控制生活这种愿望,就好像征服世界这种野心一样。"蒂凡尼露出恍然大悟的表情。

"倒也不能这么类比……"我觉得好像哪里不对,但又说不出来错在哪里,赶紧转移话题,"咳咳。假设生活就像是在大海中航行,每个人所面对的大海环境是不一样的,有的风和日丽,有的狂风骤雨;而每个人所乘坐的船只也不一样,有一叶扁舟,也有远洋巨轮。控制生活,就像是控制不同的船只,在不同的海域航行,面对不同的风浪和暗礁。但无论面对什么样的海域,我们首先都必须先控制好那艘船——我们的安身立命之所。那艘船,就好比是我们的身体,只有它健康平安功能健全,我们才能放心航行。"

"其实只是因为你是个健身狂吧。"

"我自然有我的道理。你想想啊,如果一个人说他对生活有绝对的控制,却连每天走6 000步,或者每周进行累计150分钟以上的中等强度运动[1]都做不到,你信吗?"我冲着蒂凡尼眨眨眼睛。

"好吧,算你赢了。"

蒂凡尼打了个滚,露出一半白一半花的肚皮,舒服地晒着太阳。

---

[1]《中国居民膳食指南(2022)》平衡膳食八准则。

· 压力如何影响我们的食欲和偏好？

压力对我们食欲的影响可能表现在两种截然不同的方式上。在没有高热量和具有强烈味觉吸引力的食物时，压力会导致食物抑制途径的激活，减少食物摄入；但在可以获得高热量/美味食物的情况下，压力却可能促进食欲，增加食物的摄入[1]。这种转变的确切机制还不明确，但处于压力下的人确实有很大概率会出现厌食或暴饮暴食。在很多和压力相关的心理障碍中都存在饮食异常，例如抑郁症的主要诊断症状之一就是缺乏食欲或暴饮暴食。

正如我们在第一部分里提到的，在急性压力下，人体自主神经系统中的交感神经系统被激活，肾上腺髓质释放大量儿茶酚胺类激素（肾上腺素和去甲肾上腺素），它能够升高血压、增加心率，同时也降低消化系统和排泄系统的血液流动；血流从消化系统离开，流向更能够支持"战或逃"反应的器官和组织，胃肠活动降低。因此通常情况下食欲和食物消化是被压力抑制的。而只有当压力缓解，交感神经系统的活动降低，与它的功能相拮抗的副交感神经系统激活，短暂被打破的身体平衡（内稳态）恢复，我们感到安全和缓和，才能

---

[1] Ans, et al. (2018) Neurohormonal Regulation of Appetite and its Relationship with Stress: A Mini Literature Review. Cureus 10(7): e3032.

开始"放松和进食"。

但是，当压力的快速响应（通常数秒到几分钟）结束后，慢速响应（几分钟到一小时）开始占据主要地位，这是我们机体对于压力源的持续响应。下丘脑—垂体—肾上腺（皮质）轴会产生一系列压力激素，包括促肾上腺皮质激素释放激素（CRH）、促肾上腺皮质激素（ACTH）和糖皮质激素（如皮质醇）。这一系列级联式的激素对食欲有着不同的作用。CRH已知可以减少其他和促进食欲有关的激素（如神经肽Y）的合成和释放，因此可以抑制食欲；但糖皮质激素（如皮质醇）却可以增加食欲，糖皮质激素还会通过负反馈来抑制CRH的释放。这里面有可能存在一种时间效应：在急性压力产生的早期，儿茶酚胺类激素和下丘脑的释放激素会抑制食欲；压力反应中期，因为释放激素和糖皮质激素同时存在，所以食欲抑制和促进的作用可能同时存在，具体取决于两类激素的比例；而在压力反应末期，主要是糖皮质激素占上风，此时可能食欲会被促进，为机体进行休息、恢复和能量贮存做准备。在压力下唾液皮质醇上升更多的人往往相比皮质醇反应不强烈的人摄入更高的热量，证实了糖皮质激素的促食作用[1]。

1　Epel, et al. (2001) Stress may add bite to appetite in women: a laboratory study of stress-induced cortisol and eating behavior. Psychoneuroendocrinology. 26: 37–49.

压力下，人们可能更容易被高糖高脂肪的高热量食物所吸引，而且女性受这种影响更大[1]——这可能是因为男性更倾向于通过吸烟或饮酒等行为（而非饮食行为）来应对压力[2]。贾杨蒂·坎迪亚（Jayanthi Kandiah）等人的调查[3]发现，虽然80%的受试者报告选择了健康饮食，只有33%的受试者在压力下选择了健康食物。这些在压力下食欲增加的受试者选择了更多类型的甜食和混合菜（舒适食物）。常食用的甜食包括甜点、巧克力/糖果棒、糖果、冰淇淋、松饼/甜面包以及新鲜或罐装水果，而常食用的混合菜包括汉堡或三明治肉类、比萨、砂锅菜、玉米饼、民族食品和快餐。有趣的是，在压力情况下，每个类别选择的食物种类都减少了。

食物为我们提供生存所需的能量和营养，是维持我们生命的基础，并且和安全感紧密相连（还记得前面提到的只有安全情况下才能"放松和进食"吗），因此我们倾向于把进食和减压联系在一起是非常自然的。人们早就认识到，在严重的情绪压力下，人们会偏爱那些被称为"舒适食物"的美食，它们能提供绝佳的口味，而且很可能和童年时代的安全感相关。查

---

[1] Zellner, et al. (2006) Food selection changes under stress. Physiol Behav. 87: 789–793.

[2] McCrory, et al. (1999) Dietary variety within food groups: association with energy intake and body fatness in men and women. Am J Clin Nutr. 69: 440–447.

[3] Kandiah, et al., (2006) Stress influences appetite and comfort food preferences in college women, Nutrition Research, 26(3): 118–123,

尔斯·斯彭思（Charles Spence）在一篇综述[1]中提到，舒适食物指那些在享用时提供额外的安慰或带来幸福感的食物。相比于其他食物，舒适食物提供了一种心理（特别是情感）上的安慰；这些食物往往与童年时代或家庭烹饪有关联，且大多具有高热量（如高糖和/或高脂肪）属性。舒适食物往往是我们童年时最喜欢的食物，或者与特定的人、地方或时期有着积极的联系。因此，舒适食物的种类存在较大的个体差异和文化差异；例如在北美，排名前列的舒适食物是薯片（24%）、冰淇淋（14%）、饼干（12%）、比萨和意大利面（11%）、牛肉/汉堡（9%）、水果/蔬菜（7%）、汤（4%）和其他（9%）[2]。而在中国香港，舒适食物则以港式料理为主，包括点心、火锅、菠萝包、叉烧、猪扒饭等[3]。北美的调查中也发现了一些性别差异，女性的首选舒适食物是冰淇淋（74%）、巧克力（69%）和饼干（66%），而男性的前三种舒适食物是冰淇淋（77%）、汤（73%）和比萨/意大利面（72%）；看起来相比于男性，女性更偏爱零食作为舒适食物。

压力和与压力相关的孤独、抑郁和内疚等消极情绪更有可能让女性选择舒适食物作为奖励，但人们同样可能在想要庆祝或单纯作为对自己的犒劳时首选舒适食物；这可能也存在性

---

[1] Spence (2017) Comfort food: A review. International Journal of Gastronomy and Food Science. 9: 105–109

[2] Wansink, et al. (2000) Engineering comfort foods. Am. Demogr.: 66–67

[3] https://en.wikipedia.org/wiki/Comfort_food

别差异,男性可能更容易在情绪高涨(例如取得成功)而非情绪低落时选择舒适食物。不同年龄的人也会选择不同的舒适食物:18～34岁的年轻人更喜欢冰淇淋和饼干一类的零食,而年长的人群则更偏好汤面等主食,这很可能也和年轻人的成长环境中充斥着针对小孩子的零食消费有关。

正因为这些舒适的食物可以在满足我们的饱腹感、提供感官刺激之外,还提供情绪价值、怀旧和安全感,当人们经历消极情绪时往往会引发食用舒适食物的行为来试图调节情绪[1]。有些研究显示,食用甜食和高热量食物时大脑可能释放阿片样物质[2]和血清素[3],这些物质和我们的快乐情绪有密切关联。但心理学家们也怀疑舒适食物提供的这种愉悦情绪是否是特异性的;也就是说,考虑到进食行为本身就能够提供饱腹和满足这种类似奖励的感觉,是否任何食物都可能让我们感到愉悦呢?

2014年的一个研究[4]也许可以给我们启发。当参与者们观看了18分钟令人沮丧的电影片段之后,一组参与者吃下自己喜欢的舒适食物,一组吃下并非舒适食物但同样喜欢的食物

---

[1] Markus, et al. (1998) Does carbohydrate-rich, protein-poor food prevent a deterioration of mood and cognitive performance of stress-prone subjects when subjected to a stressful task? Appetite, 31: 49–65.

[2] Drewnowski, et al. (1992) Taste responses and preferences for sweet high-fat foods: evidence for opioid involvement. Physiol. Behav., 51: 371–379.

[3] Gibson (2006) Emotional influences on food choice: sensory, physiological and psychological pathways. Physiol. Behav., 89: 53.

[4] Wagner, et al. (2014) The myth of comfort food. Health Psychol., 33: 1552–1557.

(如爆米花),一组吃下中性的零食(如燕麦棒)。通过对比情绪问卷的结果,三个组的参与者在三种食物作用下,自我报告的情绪都得到了改善。也就是说,虽然看上去舒适食物能够提供一个锚定信号,触发对先前积极社交经历的回忆(例如"小时候吃到的妈妈做的饭的味道"),但对于短暂触发的消极情绪,它的改善作用并不一定更加突出。

更何况,在压力下我们的食欲和偏好本来也会发生改变——压力下我们可能会摄入更多的甜食,因为碳水化合物直接为我们的身体和大脑供能。人类的实验室研究证实了情绪性进食者摄入的高能量(甜食和高脂)食物明显多于非情绪性进食者,但总摄入食物的量没有差异,这表明压力影响食物选择的质量而不是数量[1]。甜食和高脂食物似乎也能反过来作用在内分泌系统上,降低压力反应,降低皮质醇[2]。摄入甜食增加了我们的能量水平,减少了疲劳感和紧张感,可能也有助于我们应对消极情绪[3]。从进化学的角度来看,由甜味信号所传达的能量信号可能正是一个生物体在应对压力时所需要的,因为我们并不知道这个压力应对的过程要持续多久,我们希望能够储存尽

---

1 Oliver, et al. (2000). Stress and food choice: a laboratory study. Psychosomatic Medicine, 62, 853-865.
2 Dallman, et al. (2003). Chronic stress and obesity: a new view of "comfort food". Proceedings of the National Academy of Sciences, 100, 11696-11701.
3 Macht, et al. (2006). Everyday mood and emotions after eating a chocolate bar or an apple. Appetite, 46, 332-336.

可能多的能量。当我们处在慢性压力的影响下尤其如此，只因压力的应对时间被无限延长了。

习惯将食用舒适食物作为压力应对的方法可能还存在一个问题：通常情况下，我们只会在感到饥饿的时候进食；但压力和消极情绪却可能在我们并不感到饥饿的时候发生。即使是在正常用餐时间情绪性进食，如果处在压力下，我们的食欲控制系统也会受到各种压力激素的作用：例如提供饥饿和饱腹信号的激素（瘦素、胃饥饿素和肽YY等）都可能与CRH和糖皮质激素相互影响，这也可能让我们的身体对于饱腹信号不再敏感，很难做到适量进食。这些额外摄入的能量如果不加以控制，必然会导致营养过剩和脂肪积累，严重的情况下也会引发很多代谢性疾病，例如肥胖症和糖尿病。

"也就是说，你们人类心情不好的时候会没有胃口吃不下饭，但是心情不好的时候又需要把食物当做奖励，来抚慰你们疲惫的心。又不想吃，又想吃。真是复杂的生物啊，难怪历史文献读起来如此费解。"蒂凡尼舔舔嘴巴。

"毕竟古人都说了,民以食为天。食物不仅让我们活命,还能提供各种情绪价值,即使再吃不下去饭,我们的身体也会想着法子促使我们去寻找食物。但可能就是因为食物的重要附加价值,使得我们在这个充满压力的时代更加难以控制对于它们的渴望。所以我们这种最基本的生存技能——进食行为,才会失控。"

· 饮食过度真的都是消极情绪害的吗?

迈克尔·马赫特(Michael Macht)和格温达·西蒙斯(Gwenda Simons)在书中[1]讲述了汉娜的故事:

汉娜今年29岁,因为体重严重超标而苦恼。她承认自己每周有多达5次的暴食发作,而在暴食期间,她会失去控制,大量进食超过6 000千卡(每日推荐能量摄入的3倍)。这些暴食发作通常是在强烈的情绪压力之前发生的:每当夜深人静的时候,她都会回想起童年时期的性虐待。进食是她应对这些令人痛苦回忆的方式。

很多心理治疗师都发现,超重的人群很容易通过进食来应对焦虑、抑郁、愤怒和其他消极情绪,并且这些情绪驱使下的欲望进食和饥饿驱使的进食有着明显的区别——我们应该

---

[1] M. Macht, et al. (2010) Emotional Eating. (pp 281-295) Emotion Regulation and Well-Being. Springer New York, NY

都有类似的体验,"肚子饱了,但嘴巴饿着"。这种以应对情绪为目的的进食现象通常被称为情绪性进食(emotional eating)。情绪性进食理论有两个核心假设:(1)消极情绪增强了进食的动机(强烈的渴望),随后诱发进食;(2)进食减轻了消极情绪。

但情绪性进食是一种普遍现象,并不只是跟临床健康问题有关。学术界有关情绪性进食的研究通常都是使用调查和自评问卷,由于无法真正实地追踪每个人每天的饮食摄入习惯,自我报告的真实性也很容易受到质疑。有研究[1]指出,超重的人群可能会报告更多情绪性进食,这很可能是因为他/她们接触到的有关肥胖治疗的报道或科普让他/她们坚信自己过量进食的罪魁祸首是消极情绪,导致他/她们夸大了自己所认为的情绪性进食的程度。阿德里安斯等人的研究[2]很好地证实了这一点:人们并不总是能够解释自己过度进食的行为,因此可能会编造一个对自己来说最有意义的理由(例如负面情绪)。参与者在第一天观看了一个中性的短视频,然后准确吃下20克食物;第二天,研究人员向参与者提供虚假的违反规范的反馈(即声称参与者吃得比要求的多很多),或者控制性反馈。随后,参与者需要回顾性地评价自己在评估任务时的情绪。情绪

---

[1] Allison, et al. (1993). Emotion and eating in obesity? A critical analysis. International Journal of Eating Disorders, 13, 289–295.

[2] Adriaanse, et al. (2016). 'I ate too much so I must have been sad': emotions as a confabulated reason for overeating. Appetite 103, 318–323.

性进食得分较高且接受了违反规范反馈的人,在回顾性地评价情绪时明显更为消极;因此,情绪性进食者似乎更倾向于将过度进食的理由"甩锅"给消极情绪。

事实上,情绪性进食者可能在所有条件(消极情绪诱导、积极情绪诱导、食物暗示暴露和控制程序)下的食物摄入量均高于非情绪性进食者,因此情绪性进食可能是普遍过度进食的一个方面,而不仅仅是在消极情绪存在时[1]。消极情绪很可能只是情绪性进食的诱因,但真正对这些行为起决定影响的可能是较低的自控能力和较高的进食动机[2]。一些研究者提出关注进食者(concerned eaters)可能比情绪性进食者更符合现实情况,因为现有的情绪性进食问卷可能更多体现了人们对消极情绪和饮食之间的思考方式,而不是实际摄入情况[3]:情绪性进食可能反映着人们对自己饮食行为的担忧、对自己饮食行为的监控、对自己饮食行为控制感的降低以及更高的健康饮食外在动机。

一些先天或后天的因素可能让人们发展出更容易过度进食的倾向,这原本不会带来健康负担,但强烈的情绪压力和情绪调节能力的不足,却可能增加人们发展出病理相关的情绪性暴

---

1 Bongers, et al. (2016). 'Emotional' does not even start to cover it: generalization of overeating in emotional eaters. Appetite 96, 611–616.

2 P. Bongers, et al. (2016) motional Eating Is Not What You Think It Is and Emotional Eating Scales Do Not Measure What You Think They Measure. Front. Psychol., 7

3 Adriaanse, et al. (2011). Emotional eating: eating when emotional or emotional about eating? Psychol. Health 26, 23–39.

食的风险。心理动力学认为早期父母的喂养模式可能会导致儿童在成年之后用过度进食来解决情绪或人际问题,例如父母在婴儿情绪波动时一味使用喂食来解决问题;但这个假设尚缺乏相应的研究证据。遗传可能也发挥了作用:对苦味物质(如丙硫氧嘧啶)的味觉敏感性存在遗传变异,遗传了能够尝到丙硫氧嘧啶味道的人(丙硫氧嘧啶味觉者)舌头上的蘑菇状乳头密度比非味觉者更高,这增加了他/她们的味觉敏感性[1]。有些小朋友天生不喜欢吃西兰花之类的蔬菜——因为这些菜的苦味在他/她们嘴里要强烈很多倍;而不理解这一点的父母可能反而会责怪孩子的偏食。这种味觉增强的效应很可能不仅针对苦味,也包含甜味;因此这些天生味觉增强的人也更有可能发展出情绪性进食的倾向。

马赫特提出了情绪性进食的三阶段模型,他认为有两种类型的机制可能在情绪性进食中发挥作用。一方面营养物质(高能量食物)导致代谢、大脑神经递质和神经内分泌系统发生变化,进而对情绪产生影响,这是生理机制;另一方面美味的食物引发愉快的感觉,改善情绪状态,这符合食物的享乐主义假说(Hedonistic Hypothesis)。情绪性进食可能存在至少三个级别:第一级别是少量情绪性进食,只涉及享乐机制,人们使用偶尔摄入的少量食物或甜点来让自己开心;第二级别的情绪性

---

[1] Miller, et al. (1990). Variations in human taste bud density and taste intensity perception. Physiology and Behavior, 47, 1213–1219

进食则同时涉及享乐机制和生理机制，人们需要摄入整餐来调节情绪和增加能量水平；第三级别则是情绪性暴食，此时食欲完全失控，人们会强迫性地消耗大量高能量食物，导致额外的神经化学或神经内分泌反应。暴食行为可能并不会改善人们的情绪，人们知道食物摄入过量是对健康有害的，这会让他/她们觉得内疚，也会更加担忧自己的体重和健康；暴食行为反而可能会加剧消极情绪负担，形成恶性循环。

很有可能，进食行为从健康发展到不健康，取决于我们进食的目的。享乐性进食者的饮食目的是增加情绪幸福感，而情绪性进食者的饮食目的是减少消极情绪。马赫特提到，与享乐性进食者相比，情绪性进食者并不太经常花时间在食物的选择或准备工作上。他/她们感到紧张、压力重重、身体疲劳不适；他/她们迅速进食，失去控制，没有时间关注食物和进食环境。情绪性进食者更喜欢独自进食，而不是与他人共进餐——但这也可能是因为情绪性进食是应对孤独压力的手段之一。

从享乐性进食到情绪性进食，再到情绪性暴食，我们的饮食行为一步步失控，但也许这个"锅"不该完全由消极情绪来背。饮食是生活的重要组成部分，而饮食行为也和我们的压力应对一样，带有着强烈的生理、心理、个人成长经历和社会文化烙印。用进食行为来享受快乐或者消除不快乐都是很正常的行为，但是当我们在某个孤独的夜晚不知不觉"干掉了"两瓶可口可乐、三罐薯片、两桶冰淇淋和一大袋黄油饼干，撑得走

不动路、肠胃感觉快要爆炸于是瘫倒在沙发上的时候,是时候思考一下这个问题了:

"我是什么时候连吃饭这个我最有经验的行为都控制不了的?"

~~~~~~~~~~~~~~~~~~~~~~~~~~~~~~~~~~~

"我听了你说的这些话,现在情绪很不好,需要开个罐头压压惊。"蒂凡尼又对我发起了忽闪大眼睛攻势。

"真拿你没办法,给你拿一根猫条吧。不过不要给小黑看到了,他最近不焦虑了,又开始过量进食,现在肚子已经圆得快要跳不上猫爬架了……"我拿出装在包里的猫条。

"所以小黑现在算是在被迫节食吗?"蒂凡尼一边大口舔着猫条一边问我。

"是啊,原本生活在大自然的动物们是很少会有肥胖问题的,毕竟在野外机动性是很重要的,肥胖给心脏和身体关节带来的危害很大。但现在家里的猫咪没什么大量活动的机会,饮食又很充足,就很容易变得肥胖。多猫家庭也很难限制饮食,有的猫吃得多,有的吃得少,你们三个平时都吃得少,剩下的全都给小黑一扫而空了……"我深深叹了口气,"不过幸好,你们不像人类那么容易出现节食过度的问题。"

"你是说厌食症吗?"蒂凡尼舔了舔鼻子。

·过度节食有什么危害?

要回答这个问题,我们先要讨论两个标准:什么是过度进食?什么是适度进食?

过度进食的标准略有些难以定义,因为对于脊椎动物来说,摄入的热量略超过日常所需的热量是很正常的。我们特有的脂肪组织就是为了储存这些额外摄入的热量,以备我们在食物短缺的时候依然有基本的能量供应,不至于马上被饿死。而在大自然中,无论是作为捕食者还是被捕食者,日常的能量消耗量都是巨大的——被捕食者需要大量的奔跑逃命才能活下来,而捕食者则需要大量的追逐才能获得食物。野生动物的身体机动性十分重要,因此也不可能在体内积攒大量的脂肪,这会大大拖累它们的奔跑速度。生活在自然法则统治之下的生物从来都不担心营养过剩的问题,它们只担心食物短缺,我们的身体功能也是按照这个原则来组建的。

所以,只是每顿饭吃得比较饱,并不能算过度进食。通常,我们都会在感到饱腹的时候停止进食,如果每天也能保持一定的活动量,而不是长时间久坐和躺平,我们的热量摄入和代谢应该是相对平衡的,这种进食行为是适度的。只有因为某些原因导致我们的食欲无法控制(例如情绪性进食),进食才会在过量的天平上越来越倾斜。失控的过度进食行为就是暴食,根据《精神障碍诊断与统计手册》(第五版)(DSM-5)对暴食症(Binge eating disorder)的诊断标准,我们可以了解到暴食行为有以下两个特征:

(1)反复发作的暴食行为。在一个离散的时间段内(例如,在任何两小时的时间内),摄入的食物数量明显超过大多数人在类似情况下同样时间段内摄入的食物量;在暴食发作期间对进食缺乏控制感,例如无法停止进食或控制自己吃什么和吃多少。

(2)暴食发作伴随以下三个或更多的症状:进食的速度明显快于正常;进食至感到极度不舒服的饱胀;在身体并不感到饥饿的情况下大量进食;因为担心别人嘲笑自己吃得太多而独自进食;暴食后感到自厌、抑郁或极度内疚。

暴食行为是很多常见饮食障碍的主要症状之一,例如神经性厌食症-暴食/清除亚型(anorexia nervosa-binge eating/

purging subtype，AN-BP）、暴食症（binge eating disorder，BED）和神经性贪食症（bulimia nervosa，BN）。这里提到的神经性厌食症和神经性贪食症都涉及到暴食行为之后的清除或补偿行为，患者会通过极端手段来避免体重增加和过量食物摄入，例如催吐、滥用泻药、过量运动或节食。

那么，什么是过度节食呢？

《精神障碍诊断与统计手册》（第五版）中有两类和进食限制有关的精神障碍，一类叫做避免性进食障碍（Avoidant restrictive food intake disorder，ARFID），另一个就是神经性厌食症。

避免性进食障碍患者会出现进食或摄食障碍，明显对进食或食物缺乏兴趣，对食物或食物相关的事物表现出回避，对进食的不良后果感到担忧，持续未能满足适当的营养和（或）能量需求。患者会出现显著的体重减轻，发育过程中的儿童可能会出现生长停滞；显著营养不良，依赖肠外喂养或口服营养补充剂而非正常食物来提供能量；心理社交功能有显著损害。

神经性厌食症的患者相比于前者，同样表现出能量限制摄入，但区别在于强烈害怕体重增加或变得肥胖（即使体重已经低于标准），并且对自己的体重或体型的感受存在严重障碍，对体重或体型的自我评价严重与现实不符，并不认可自己低体重的严重健康后果。

在一项回顾性研究中，712名青少年在1年的时间内进行了饮食障碍的初始评估,其中98人(13.8%)符合避免性进食障碍的诊断标准[1]。与厌食症或暴食症相比,避免性进食障碍群中男性比例较高(28.6%,相比于14.3%的厌食症和6.0%的暴食症),平均年龄较小(12.9岁,相较于15.6岁的厌食症和16.5岁的暴食症),病程较长。另一项研究将33名避免性进食障碍患者分为以下四组:摄入不足/对进食兴趣不大(57.6%),由于食物感觉特征而限制饮食(21.2%),令人厌恶/创伤性经历(9.1%)和其他原因(12.1%)[2]。有超重史或因为体重而遭受欺凌的青少年更容易出现进食紊乱和不健康的体重控制行为,这很可能将他/她们置于患饮食障碍的风险中[3];有超重或肥胖史的青少年占限制性进食障碍的相当比例,并可能会有较差的治疗预后效果[4]。一部分避免性进食障碍的青少年有可能在治疗过程中演变成神经性厌食症[5]。

---

1 Fisher, et al. (2014) Characteristics of avoidant/restrictive food intake disorder in children and adolescents: a "new disorder" in DSM-5. J Adolesc Health, 55(1): 49-52.

2 Eddy, et al. (2015) Prevalence of DSM-5 avoidant/restrictive food intake disorder in a pediatric gastroenterology healthcare network. Int J Eat Disord, 48 (5) (2015): 464-470.

3 Neumark-Sztainer, et al. (2000) Weight-related behaviors among adolescent girls and boys: Results from a national survey. JAMA Pediatr, 154: 569-577.

4 Lebow, et al. (2015) Prevalence of a History of Overweight and Obesity in Adolescents With Restrictive Eating Disorders. Journal of Adolescent Health. 56(1): 19-24.

5 Norris, et al., (2014), Exploring avoidant/restrictive food intake disorder in eating disordered patients: A descriptive study. Int. J. Eat. Disord., 47: 495-499.

无论是暴食还是厌食，进食障碍都具有危及生命的风险，并且对整体健康和生殖健康存在潜在的长期影响。进食障碍的健康后果可能包括营养不良、心理健康问题、物质滥用、月经功能紊乱、不孕不育或妊娠并发症，如妊娠期糖尿病和婴儿低出生体重等[1]。如果进食障碍发生在儿童青少年阶段，限制性进食导致的营养不良也会导致生长迟缓和体重不足，并引发肌肉萎缩、体能下降、免疫功能下降、认知或学习困难等神经系统问题、贫血和骨质疏松等[2]。

进食原本能够为我们提供快乐，也能提供安全感和满足感，我们的身体设计了一套复杂而精巧的饥饿-饱腹信号系统来促进进食和抑制进食，在保证能量供给的基础上，也保证我们的身体有一定的机动性。但当我们的饱腹感不受控制，我们就可能会走向暴食的深渊，以健康为代价；而当我们的饥饿感不受控制，我们就可能被卷入厌食的泥潭，甚至以生命为代价。但正像本章一开始提到的，以饱腹作为奖励而过度进食是很自然的，因为我们的身体正是被设计为储存能量而避免能量不足的。厌食和（在有充足食物的情况下）限制进食却是和身体的这一出厂设置相违背的，但是人们（尤其是青少年）为什么还是会选择节食呢？

---

[1] O'Brien, et al. (2017) Predictors and long-term health outcomes of eating disorders. Plos One. 12(7): e0181104.
[2] Black, et al. (2013). Maternal and child undernutrition and overweight in low-income and middle-income countries. The Lancet, 382(9890), 427−451.

"吃饭是多么幸福的事情啊,放弃实在太可惜了,活着的乐趣都会少了一大半。"蒂凡尼吃完猫条,开始忙碌地舔着嘴巴、鼻子、脸颊和前爪,认真地清理着,真是个爱干净的孩子。

"对于动物来说,吃饱喝足睡够,然后遵从本能繁殖生育,可能就是生活的全部幸福了吧。但是人类在此之外要追求的事情就太多了,相比之下吃、喝、睡反而没那么重要了。"

"啧,你这是人类的傲慢。你们人类要追求的那些事情,难道不也是吃饱喝足繁殖生育的衍生品吗?所谓的成功啊、权力啊、赚钱啊,难道不也是为了让自己吃好喝好玩好住好,占有更优质的繁殖生育资源吗?还有那些患上进食障碍的孩子,不也是因为被社会审美绑架,要变得美丽吗?变美不就是为了繁殖生育的目的吗?"蒂凡尼看来吃得很满意,又恢复了伶牙俐齿的模样。

"你说的好像很有道理的样子……那我们就来谈谈美这个话题吧。"

· 为什么你总是对身体不满意?

有一种常见的慢性压力叫做日常烦心事（daily hassles），它是那些日复一日出现的、引起轻微烦躁或沮丧的事件或是困扰我们人际关系的小烦恼；研究发现最困扰人们的烦心事就是对体重的担心（超过一半的人都被它所烦恼）[1]。

人们为什么会如此在意体重？一个重要的原因就是它和我们的身体意象（body image）紧密相连。莎拉·格罗根（Sarah Grogan）定义身体意象为人们对于自己身体的感知、想法和情感[2]，而和饮食紊乱密切相关的则是身体不满意（body dissatisfaction），是指人们对于自己身体的消极想法和情感。导致人们对自己的身体不满意的原因有很多，其中最主要的原因很可能是文化压力：如果主流文化强调女性（尤其是年轻女性），必须瘦才有吸引力，那么人们就会对自己不符合主流审美的身体外表不满意。

在西方社会，从19世纪末开始，无论男女的体型都开始被附加了一层又一层的社会意义，苏珊·波尔多（Susan

---

[1] DeLongis, et al. (1982). Relationship of daily hassles, uplifts, and major life events to health status. Health Psychology, 1(2), 119–136.
[2] Grogan (2021) Body Image: Understanding Body Dissatisfaction in Men, Women and Children. (4th Ed.) Routledge

Bordo）提到[1],"多余的肉与道德低下联系在一起,反映出个人的能力不足或缺乏意志"。苗条纤细的身材成为了社会理想体型,被认为是一个人充分控制生活的体现。紧致健美的身材则成为另一种代表着意志、力量和控制的象征,代表着更多的成功。大多数人并不会天生具有纤细或健美的身材,他/她们需要通过严格的控制饮食和规律运动才能符合这些社会理想。

随着网络平台的兴起,很多健身网红、健身博主和健身平台开始拥有大量的粉丝和用户,这反映了越来越多人开始追求健康、健美和力量感。看起来这些平台在推动大众审美从苗条转向强壮,实际上它们对社会理想提出了一个更高的要求——要健美、肌肉发达,同时要苗条。一个研究[2]分析了相关网站的宣传文案后发现,"这些网站的内容往往都和减重或减肥相关,赞美瘦体型,展示看起来更瘦的角度,并且提供了很多关于食物羞耻、脂肪/体重污名化、饮食限制的信息。"

体重污名化的研究由来已久,如果人们的体型没能符合社会理想化苗条体型的要求,他/她们在一生中都会面临偏见或歧视。这种歧视在孩童时期就存在了:儿童有可能刻意疏远那些超重的同伴,并使用消极的词汇或图画形象来对待那些超重的人。这种偏见可能一直持续到成年,超重的人相比于苗

---

1 Bordo (2003) Unbearable Weight: Feminism, Western Culture, and the Body. University of California Press
2 Boepple, et al. (2016), A content analytic comparison of fitspiration and thinspiration websites. Int. J. Eat. Disord., 49: 98-101

条的人更容易被认为是不活跃的、不聪明的、不努力工作的、不成功的、不受欢迎的、懒惰的、缺乏自控力的,甚至不诚实的[1]。

波尔多在另一本书[2]里讲述了三个小女孩的故事,她们分别是黑人、拉丁美洲人和亚洲人,但来自她们自己民族的文化并没有打破流行文化对她们的影响。

特尼莎·威廉姆森(Tenisha Williamson)是黑人,患有厌食症,在一个名为"Colors of Ana"的网站上描述了她的斗争,该网站专门致力于讲述非白人女性面对饮食和身体形象问题的故事。特尼莎在成长过程中被灌输的观念是黑人女性拥有丰满身材是一种种族优越性,但她感觉自己是种族的背叛者。她写道:"从非洲裔美国人的角度来看,我们作为一个民族被鼓励'拥抱我们丰满的身材',这让我感觉很糟糕,因为我不想要一个丰满的身材!我宁愿因为饥饿而死,也不愿增加一磅重。"

萨米·沙尔克(Sami Schalk)是拉美混血儿,在一个几乎全是白人的小学上学:"在学校里,纤瘦的模特是常态,"她写道,"我很快被说服认为我的曲线和臀部不美丽。我没有寻求

---

[1] Puhl, et al. (2020) Weight Stigma as a Psychosocial Contributor to Obesity. American Psychologist. 75(2): 274−289

[2] Bordo. (2013) Not Just "a White Girl's Thing": The Changing Faceof Food and Body Image Problems. (pp 265−275) Food and Culture (3rd Ed.) Routledge

帮助，而是转而进行狂吃和情绪性进食，在大约11岁时开始进食后催吐。"当萨米的妈妈最终带她去看医生时，医生给她开了一种"更安全"的饮食。然而，这种饮食让她体重增加，结果她又开始服用减肥药和滥用泻药。

18岁的佐佐木純（Jun Sasaki）随父亲从日本搬到美国后开始出现饮食问题。她本来和许多日本女孩一样自然瘦，直到12岁的某一天，一个朋友玩笑性地拍了一下她微凸的肚子说："你看起来像怀孕了。"佐佐木感到震惊。起初她只打算减轻几磅，但当她开始得到朋友和邻居的赞美时，她开始每天只吃800卡路里的饮食。最终，她失去了"正常进食"的能力。她说："我从早到晚吃，找遍房子里的每一块食物，吃掉我能找到的每一块脂肪。我从来不感到饥饿，但我吃，吃个不停。"

这些因为社会或身边的人对瘦的过度追捧而让年轻人（尤其女性）患上进食障碍的例子，在国内也屡见不鲜。那么，新的审美标准——从挨饿的饮食和渴望拥有纤细如芦苇般的身材，到运动成瘾和追求曲线优美但体脂率极低的健美运动员体型——会让这些厌食和身体不满意问题有所改善吗？未必。

波尔多认为，这些新的标准同样具有自我惩罚性，同样包括严格的饮食结构比例和热量限制，扩大了饮食问题的范畴。女性运动员和健身博主作为美和性感的偶像的崛起对年轻女性起到了激励作用,模仿这些身材的年轻人看起来很健康,许多人也看起来在健康的饮食,一切看起来都很棒。但要维持这样的身材,需要在健身房花费大量时间,职业选手可以做到这一点,普通人则做不到。他/她们在健身房花费了大量时间,而一旦错过一次训练,就会陷入深度抑郁——他/她们甚至会牺牲睡眠的时间来健身。女性可能尤其容易受到影响,她们并不是真正接纳了自己的身体意象,她们的自我接受感很可能只悬在一根脆弱的线上:达不到这样极致的身材,她们就会开始自我嫌弃。

格罗根提到,体重被污名化可能是源于肥胖相关联的健康风险——人们普遍认为苗条的人更健康。但事实上营养不良和营养过剩都有健康风险,但污名化的矛头总是指向大体重;而要搞清楚体重和健康的关系,需要区别超重和肥胖。肥胖几乎肯定是有害的,它和心脏病、高血压、糖尿病关系密切,也是导致发病率和死亡率增加的主要原因。一般情况下,超重并没有明显的风险,但肥胖则有显著的健康风险。

但是如何客观界定超重和肥胖的范围呢?

"你说的很有道理,我决定以后再也不说小黑是肥猫了。"蒂凡尼略带歉意地看着不远处的小黑。仿佛突然感受到了背后

的视线,正在沙发上舔爪子的小黑扭过头,一脸懵逼地看着我们。

"哈哈,确实,他是公猫,本来就会比你们体型壮硕一些的。不过还是得控制饮食,毕竟他再这么下去,连窗台都跳不上去了,也就享受不到晒太阳的乐趣了。"我轻轻拍了拍小黑的脑袋,他很舒服地眯上了眼睛。

· 为什么我们对体重如此执着?

不可否认的是,体重确实是最容易衡量的客观身体指标,很便宜的价格就可以买一个轻巧的体重秤放在家里,而且体重的称量原理比较简单,仪器的误差也相对较小。

在英国,最广泛使用的衡量指标是体重指数(the body mass index,BMI;也称为凯特莱指数)。体重指数是通过将体重(以千克为单位)除以身高的平方(以米为单位)来计算的,正常范围为18.5~24.9;也就是说,一位1.6米的成年女性,体重的正常范围为47.36~64千克。体重指数介于25~29.9的人可能被分类为"超重",而超过30的人被视为

"肥胖"[1]。体重指数的优点是控制了一个人的身高,但它没有考虑肌肉质量较大或骨骼较大的个体体重偏高的问题。

另一种定义肥胖的方法是测量体脂率(body fat percentage),这是体内总脂肪质量占总体质量的比率。人体内的脂肪包括必需脂肪和储存脂肪,其中必需脂肪对于维持生命和生殖功能是必要的,而女性的必需脂肪要高于男性;储存脂肪可以保护胸腔和腹腔内部器官,但内脏脂肪如果积累太多则会损害健康。测量体脂率的方法很多,大多数都需要一些专门的仪器,例如水下称重法、全身空气置换体积描记术、近红外相互作用法、双能X线吸收测定法、体平均密度测量法、生物电阻抗分析法等,这些方法各有优劣。也有一些方法通过手动测量全身各部位的周长或皮褶厚度,再基于统计模型进行换算的方法,这种方法不需要购置专门仪器,相对比较便利,但因为测量方法比较主观所以准确性相对差一些。根据一篇文献[2]中提到的世界卫生组织的体脂率标准,男性体脂率超过25%、女性体脂率超过35%为肥胖。这篇论文也报告了,中国男性肥胖率为37.1%,其中城市居民肥胖率为44%,显著高于农村男性居民(33%);女性肥胖率为42%,并随年龄增长,60~65岁肥胖率高达52.4%,城市居民(41.9%)和农村居民(42.1%)的肥胖

---

1 世界卫生组织,2021年。
2 吕志梅,等(2020)2015年中国15省(自治区、直辖市)18~65岁居民体脂率人群分布及其与体质指数关系.卫生研究.49(2):195-200

率无差异。

现在我们知道了,根据比较常用的体质测量方法,体重指数在25～30且体脂率男性小于25%女性小于35%,都不属于肥胖的范畴,只能算超重。很多研究者认为适度超重并不会带来重大健康风险,甚至可能对健康有益。心血管医生卡尔·拉维(Carl J. Lavie)就是其中之一,他在《肥胖悖论:越瘦越生病、越胖越健康》[1]这本书里提到,携带一些额外的体重可能会带来让人惊讶的好处:整体健康水平的低下对健康的危害要远大于脂肪的危害,特别是对于只有轻度超重的人群来说。2013年的一篇论文[2]分析了涉及290万名成年人的97项研究,发现相比于体重正常的受试者(体重指数为18.5～25),超重受试者(体重指数为25～30)的全因死亡风险更低,研究者认为这很可能是因为患者更早就诊、更有可能接受最佳医疗治疗、体脂肪对心脏的保护性代谢效应和更高的代谢储备的益处。拉维认为,体重并不是关键,维持正常的血糖水平、血脂配置和血压更重要。超重或轻度肥胖的人只要基本健康指标正常并持续规律的体育运动,可能比不健康或代谢异常的瘦体型者更加健康。体重指数低于18.5的人在许多情况下可能有着更

---

1 Lavie (2014) The Obesity Paradox: When Thinner Means Sicker and Heavier Means Healthier. Avery.
2 Flegal, et al. (2013) Association of All-Cause Mortality With Overweight and Obesity Using Standard Body Mass Index Categories: A Systematic Review and Meta-analysis. JAMA. 309(1): 71−82.

差的预后和生存率,尤其是当重大疾病发生之后(人们在生病的时候往往会出现异常消瘦),有一定的脂肪储备可以帮助我们抵御这种消瘦。

心理学家和医学家们普遍认为,体重并不能代表健康,更重要的是我们能够维持体重和维持健康的能力,而不仅仅是代表体重的数字本身。虽然很多研究显示超重和较低的死亡率有关,但根本的原因并不是这个体重指数能让我们健康,而是很多体重指数偏低就是因为致死率高的疾病所引发的异常消瘦(例如厌食症和癌症),所以本身就处在正常体重范围内的人并没有必要因为这个研究发现就去增重。2016年一项针对丹麦居民的长期追踪研究[1]揭示了一个更有趣的发现:稍微超重一些——尤其是在中年后——对健康的影响可能没有过去认为的那么糟糕。哥本哈根队列研究中与任何原因导致死亡风险最低相关的体重指数在1970年代为23.7,在20世纪90年代为24.6,在2013年则为27.0,刚好位于超重范畴之内。也许并不是体重本身,而是能够增重才是健康的标志;因此,随着年龄增长而略微增重只是整体健康的标志,直到你增重到不健康的程度。

有趣的是,就在营养学家和医学家们为超重是否更有利于健康而各执一词时,我们却常常看见很多体重指数在正常范围内的女性在各种社交平台上抱怨自己太胖,需要减肥。尤其

---

[1] Afzal, et al. (2016) Change in Body Mass Index Associated With Lowest Mortality in Denmark, 1976–2013. JAMA. 15(18): 1989–1996.

疫情这几年，人们普遍对健康更加关心，而不定期的隔离期间因为户外活动量减少，人们对体重和体型也更加在意，于是市场上各种类型的"减肥营""榨脂营"层出不穷，有一些全封闭的天价式减肥训练营更是采取军训式的大运动量和严格控制饮食来达到减肥效果。对于有着健康风险的肥胖人群，通过这种方式让体脂率降低，减少内脏的负担和代谢风险，同时增强身体的机动性从而提高运动表现和身体控制能力，这是有益的——但前提是这些减肥营的教练和管理者们都有着专业的运动和饮食健康技能，也能够及时关注客户的心理状态，避免运动过量、关节肌肉损伤、营养不平衡的风险。如果营业者不具备这样的素质，则很可能发生悲剧[1]。我也注意到，这些所谓的减肥营其实并没有门槛，很多学员甚至体重指数在正常范围内，只要愿意花钱，都可以去减肥——尽管人们可能并没有真正多余的脂肪可以去减——但从商业的角度来说，也没有哪个商家会愿意定下体重门槛，阻挡自己的财源。

我们经常能看到在一些女性比较多的社交网络平台上出现类似"一个月体重指数从22降到20"，"两个月从100斤减到80斤"，"三个月体脂率从20%降到15%"的标题。网络上还流行着一个词——"小基数减肥"，从这个词条相关的报道中不难推测出，中文语境下的小基数减肥基本都是从健康正常的体重

---

[1] 新浪新闻，2021年8月14日，"女大学生猝死在封闭减肥训练营第15天"。

指数和体脂率范围降到这个范围的偏低或以下,甚至还有很多体重指数在20左右的女性自称为"微胖"女生。虽然搜不到相关的中文文献,我在英文文献中查到了一种"微量减重/微量调整"的减肥方法[1],它强调通过做出小幅度、可持续的改变(例如逐步改变饮食和生活习惯)来逐渐减轻体重,建立长期和可持续的减重计划,而不是追求迅速和剧烈的减肥效果。它鼓励制定合理的减重目标,每周只减少微量体重,这种逐渐减轻体重的方法可以减少对身体的冲击和营养不足的风险,同时更容易维持所取得的成果。这种方法也能够有效对抗代谢适应(metabolic adaptation)的现象,即在减重和节食过程中,人体面对能量摄入减少所做出的自适应反应——适应性地降低基础代谢率以节省能量。热量摄入越少,基础代谢率降低得越多。这也是很多节食减肥者在减肥后期体重反弹的原因之一[2]。显然,这种小基数减肥法是不能一蹴而就的,和网络上那些快速减脂法完全是两码事。

不可否认,确实有一些所谓的"小基数"人群,体重指数在正常范围,但体脂率却超过35%,看起来瘦,但皮下脂肪(尤其内脏脂肪)积累量已经危及健康,确实需要减脂。但在自行减脂或者报减肥营之前,这种特殊的情况更应该多咨询医

1　Hills, et al. (2013) 'Small changes' to diet and physical activity behaviors for weight management. Obes Facts. 6(3): 228-238.
2　Fothergill, et al. (2016) Persistent metabolic adaptation 6 years after "The Biggest Loser" competition. Obesity (Silver Spring). 24(8): 1612-1619.

生和营养师的意见,因为这有可能是病理性的(例如脂肪肝)。在减肥的同时也需要相应增肌,否则体重指数可能很难保持在正常范围内。减肥是次要的,健康才是最重要的。靠着运动和饮食减肥起码还算是比较可靠的方法,也有很多人病急乱投医,服用一些被禁止的所谓"减肥神药",从而付出了生命的代价。20年前,一篇论文[1]里就提到了日本所面临的严重饮食问题:当时东京的初中生中有5%患有厌食症;而自1980年以来,各类饮食失调的报告增加了10倍;47%的日本女性的体重低于她们理想体重的10%以上。

我有过因为压力太大导致的向心性肥胖(脂肪在腹部和背部积累)而穿不上牛仔裤的尴尬,也有过照镜子看到"拜拜肉"和圆肩驼背时候的烦恼,我非常能够理解所谓的"微胖"女生对于体重的执着。但我们没有必要被体重这个数字所束缚,毕竟日常生活中束缚我们的数字实在太多了。我们总是在比较和被比较,总是因他人划下的界限和制定的标准而自我禁锢。当减肥被做成了一种生意,对于体重的污名化也会越演越烈,因为身材焦虑会催生不理性消费。只有人们忘记了什么是健康和正常,被所谓的社会理想和商业资本洗脑,认为瘦弱和苗条才是健康和正常的,才会心甘情愿地花钱去购买这些所谓的"健康和正常"——而且一定要速成,一定要短期见效,不

---

[1] Watts (2002) Tokyo Japan's fatal obsession with bodyweight. The Lancet. 360(9329): 318

然对不起自己的钱包。

这些身材焦虑和体重污名化已经和健康关系不大了，它的根源是社会和文化对于"美"的标准和定义。很多消费陷阱其实只是打着"追求健康"的幌子来绑架我们那颗"爱美之心人皆有之"的心。但谋财已经算是最温柔善良的陷阱了，如果真的被洗脑了，那是会害命的——尤其是所谓的"小基数"人群。身高1米65的15岁女孩子，3年前体重104斤，体重指数只有19.1，本身就属于偏瘦人群了，但因为男友对她身材的嫌弃，她开始严格节食，最终患上了神经性厌食症。当她离开这个世界的时候，体重仅有不到50斤[1]。显然，她又是那个"好女不过百"的社会谬论的牺牲者。当我们丧失了对于健康和正常的判断能力，无论自己本身身高体型如何，都去追求100斤这个毫无科学道理的数字，我们就会成为这些畸形审美的祭品。

· 我可以不美吗？

从进食障碍的例子中不难看出，导致青少年进食紊乱的元凶之一就是流行文化对于审美的单一性原则——苗条和瘦才是美，超重和肥胖不是美。每个人都希望自己是"美"的，而害怕被认为是"不美"的，因为美总是和积极的、奖励的、有价

---

[1] 健康中国。2023年5月25日。"15岁女孩厌食症去世事件引发对容貌焦虑的关注"。

值的、受人爱戴和尊崇的等等美好的词汇联系在一起——看,连形容词汇都要用"美"。所有的文化都有一个共通点,那就是美的就是好的。

肥胖是不美的,也是不健康的;超重是健康的,却是不美的;体重指数正常也是健康的,但只要看起来不苗条,就不美丽;病态的瘦弱并不健康,但相当一部分人认为是美的——虽然当事人自己很可能并不这么认为。美还是不美,体重说了算,腰围说了算,马甲线说了算,但就是自己说了不算。

一直以来,很多社会活动家、作家、编剧和学者都在致力于将审美的决定权从流行文化和社会偏见中夺回到每个人手里。自2010年代以来,社交媒体上流行着一种"身体积极运动"(body positive movement),它致力于推动人们接受自己的身体,无论高矮胖瘦、肤色、性别和身体能力,挑战单一审美,强调审美的多元化[1]。它的核心信念是,美是社会构建的产物,它不该决定一个人的自信或自我价值;无论我们的外表是否符合社会理想,我们都有权利拥抱我们的身体,并为之感到自豪。身体积极运动的起源可以追溯到1960年代的"肥胖接纳运动",该运动致力于终止体重歧视和体重污名化;但身体积极运动将各种体型都包含在内,不仅限于肥胖。身体积极运动在网络平台上迅速推广,在一些照片分享平台,人们纷

---

1 Leboeuf (2019). "What Is Body Positivity? The Path from Shame to Pride". Philosophical Topics. 47 (2): 113-128.

纷晒出自己的身体，为自己的身体感到骄傲[1]。这个运动挑战了包括无瑕疵的皮肤和苗条的"沙滩身材"在内的社会理想标准，也确实推动了很多社会改变——很多模特公司开始启用大码模特，而很多偏向女性用户的商业广告也不再是清一色的苗条身材模特。有一些女性服饰品牌充分体现着这些多样性，模特们不仅有着各种体型，也有脸上有大片胎记和装有义肢的模特——虽然这些模特的外貌依然很出众，至少能体现这些品牌在展示服装时尽量贴近普通人的努力。

海拉娜·达尔文（Helana Darwin）和阿马拉·米勒（Amara Miller）的研究发现，截至2016年身体积极运动一共有4个共存的运动框架：主流身体积极、肥胖积极=身体积极、激进身体积极和身体中立。

主流身体积极主张女性需要更多地进行自我爱护，作为一种心理抗议，抵制社会对她们的物化。人们通过在网络平台发布自拍照片并使用相关标签与这一运动相关联的方式传达了这样的信息：美丽性感与赋权同等重要。但随着身体积极运动的流行和倡导者的影响力增长，公司开始将身体积极倡导者商品化，并利用其影响力来推销产品，从运动中获利。在商品化的过程中，身体积极倡导者也忽视了自己的初衷，开始复制主导的资本主义意识形态，将自己的身体物化，并接受美容修饰的

---

1 Lazuka, et al. (2020) Are We There Yet? Progress in Depicting Diverse Images of Beauty in Instagram's Body Positivity Movement. Body Image. 34: 85–93.

做法[1]。商品化导致这一运动相关的很多身体正面帖子存在道德问题,并且在身体欣赏和包容性方面效果较差[2]。虽然身体积极运动旨在改变对女性气质的刻板印象,但自拍和摄影的表达形式其实加强了父权价值体系,即依然是根据女性的身体外貌来评价她们的价值[3]。

肥胖积极=身体积极是第二大的流派,主张关注肥胖女性所经历的系统性歧视,而不是女性普遍面临的身体形象问题。这种主张最大的问题,是认为只有超重或肥胖的人才会面临身体形象问题。但无论高、矮、瘦、壮、胖还是丰满,所有人都会有自己的身体问题。医疗工作者们尤其反对这种观点:向心性肥胖与糖尿病、高血压、不孕症的关系十分密切,也会导致较高的死亡率。一项研究调查了1 130名从事营养学、食品学、护士和医学学习的英国学生对于脂肪和肥胖人群的看法,其中大部分人都表现出了显著的"脂肪恐惧症",只有1.4%的人对脂肪和肥胖持积极或中立的态度[4]。

---

1 C wynar-Horta. (2016) The Commodification of the Body Positive Movement on Instagram. Interdisciplinary journal of communication. 8(2).

2 Brathwaite, et al. (2020) BoPopriation: How self-promotion and corporate commodification can undermine the body positivity (BoPo) movement on Instagram. Communication Monographs. 89(1).

3 Streeter (2020) "Bargaining with the status quo": Reinforcing and expanding femininities in the #bodypositive movement. Fat studies: An Interdisciplinary Journal of Body Weight and Society. 12(1).

4 Swift, et al. (2012) Weight bias among UK trainee dietitians, doctors, nurses and nutritionists. J Hum Nutr Diet. 26, 395-402.

激进身体积极强调运动的重点应该是对抗系统性的压迫经历，而不是个体的压迫经历。无论是主流身体积极还是肥胖积极派别，有关身体积极性的讨论都围绕外貌展开，并且让人们更多注意点都集中在身体意象本身，从而忽略了那些造成身体不满意的文化、信息、信仰和广告活动[1]。激进身体积极的使命是，"希望身体积极的人们更少地花时间向人们证明自己'漂亮'或'不胖'，而更多地关注能够对打压所有身体的标准进行破坏的事情（即身体恐怖主义），同时永远不要忘记并非所有压迫都是平等的。应该更关注那些被边缘化的人群。"

身体中立（body neutrality）并不提倡把美作为自我接纳的重心：不是只有符合审美的身体才值得接纳；它专注于个人心理转变，但对主流框架关注自爱的焦点提出了质疑，主张身体接纳或"身体中立"。自我接纳能够帮助我们抵御外界环境对我们造成的自尊威胁，让我们更加自信地面对生活，也能够更有效地对抗和应对压力[2]——而自我接纳最重要的一点，就是接纳我们的身体。身体中立认为主流运动通过看起来性感和感觉性感来赋予力量的指导并非对所有女性来说都是可行的选择，甚至都不是一种普遍共享的欲望。提倡自爱可能反而让女

---

[1] Cohen, et al. (2019). "#bodypositivity: A content analysis of body positive accounts on Instagram". Body Image. 29: 47–57.

[2] MacInnes (2006) Self-esteem and self-acceptance: an examination into their relationship and their effect on psychological health. Journal of Psychiatric and Mental Health Nursing, 13: 483–489.

性感到疏离:"鼓励女性始终热爱她们身体的每一寸似乎有些自以为是,而且实际上有点自恋。"

丽莎·勒戈(Lisa Legault)[1]一针见血地指出了强行积极所存在的问题:当人们并不真正认可身体积极性主张而是被迫去执行,或感到自己受到控制时,它会阻碍人们的自主性,会适得其反。单一的社会理想审美是客观存在的,很多人在成长经历中都受到过歧视和伤害,这些消极经历和伴随而来的消极情绪都是客观存在的,一味地否认它们并不能够让我们真正接纳自己。惠特尼·古德曼(Whitney Goodman)提出了"有毒积极"[2](toxic positive)的概念:强行让人们只能体验积极情绪(满足、感激、知足、快乐)并拒绝消极情绪(焦虑、压力感、怀疑、沮丧),会忽略或破坏真正的痛苦感受。痛苦和困扰并没有真正解决,它只是被积极的表象给遮住了。社会偏见是客观存在的,爱一个社会所嫌恶的身体确实存在困难。勒戈认为很多女性也经历了这种"有毒身体积极",她们在外界期待的压力下表现出对身体的自信和接受,而如果不能够这样做,就会被斥为脆弱。

身体积极和身体中立最大的区别在于,前者的目标是转变社会对于美的定义,后者则致力于将社会对人的价值定义从

---

[1] Legault, et al. (2022) When body positivity falls flat: Divergent effects of body acceptance messages that support vs. undermine basic psychological needs. Body Image. 41: 225−238

[2] Goodman (2022) Toxic Positivity: Keeping It Real in a World Obsessed with Being Happy. TarcherPerigee

审美焦点上转移。身体积极的观点是，任何形状的身体都是美的，都值得爱；身体中立的观点则是，对身体的爱并不取决于自己是否一直看起来很好，而是我们的身体本身就值得接受、尊重和关心[1]——我爱我的强壮的身体，是因为它可以让我保持旺盛的精力去探索和享受这个世界。当我们从一个中立客观的角度去看待我们的身体意象，没有任何压力让我们去爱自己的外表时，我们就可以花更多精力去照料和爱护我们的身体。我们的关注重点不该是我们的身体美不美，而是我们的身体能够为我们做什么，以及我们应该做些什么来让我们的身体保持健康。

近些年，身体中立已经受到广泛的认可。2019年几位医生和学者在一篇评论文章[2]提出，在我们改变社会价值观之前，诊断和管理饮食紊乱的健康提供者可以将焦点从身体接受和满意转向身体中立，它提供了一个更现实的康复目标，创造了一个更具包容性的治疗环境。当我们重新开辟通向饮食紊乱康复的道路时，身体中立的概念将为所有个体创造更多的康复空间。2023年5月的一篇论文[3]也验证了身体中立干预的有效性，这项研究对75名青少年进行了线上的单次干预，结果显示青

---

[1] Clark (2022) Body Neutrality: Finding Acceptance and Liberation in a Body-Focused Culture. Taylor & Francis
[2] Perry, et al. (2019) Using body neutrality to inform eating disorder management in a gender diverse world. Lancet Child Adolesc Health.
[3] Smith, et al. (2023) Project Body Neutrality: Piloting a digital single-session intervention for adolescent body image and depression. Int. J. Eat. Dis.

少年的身体形象接纳和情绪问题都得到了明显改善。

我们天生都有着对美丽的向往，而外表符合社会审美的人从古至今都更容易被社会和他人所接纳，也往往会和财富、资源、地位、美德等令人羡慕的事物联系起来。追求外表的美丽是一件很正常的事情，原本无可厚非。但如果所有人都向着追求外表的美丽去奋斗，那么美丽的标准就会越来越高，要达到它自然也会越来越困难，而人们为了它所要付出的时间、精力、金钱甚至健康的代价也会越来越多。身体积极希望将审美多元化，让美丽的标准不再单一，不同的人可以踏上属于自己的与众不同的追求美丽之路——但那些偏离主流审美的道路注定崎岖坎坷。而且这些道路看似独立，最终却依然汇聚在"到底什么才是美"的辩论中。身体中立也希望为人们提供更多的道路，我们可以去追寻美丽，但也可以大胆踏上和美丽无关的奋斗之路，不需要花时间去说服别人接受自己的审美，而是更加关注我们的身体，关注它的性能而不是外表——身体是一个值得爱惜的载具，它应当载着我们向人生目标奋斗，它并不是目标本身。

追求美是我们的本能，不追求美也是我们的权利和自由。美丽的外表是千万种人类属性中的一个，可能也是最主观的一个，因为美丽的标准一直都在变化。在消费主义盛行的年代，美丽和金钱的捆绑也越来越严重：变美要花钱，保持美丽要花钱，甚至正常的衰老也成为了一种错误——如果实际年龄大了却不能看上去外表年轻,一定是生活出了什么问题。美丽本身也变得具有攻击性,人们很难再平心静气地欣赏美人,而是一定要把美貌比个输赢——为了不被比输,为了努力保住别人给自己贴上的"美"的标签,人们更是需要花更多的金钱和时间去保养。这是一场只有化妆品、服饰和鞋包品牌、整容医院以及减肥健身商家才会胜出的战争:浴血拼杀的人是你,而胜利的果实却与你无关。

当你发现,原来我并不需要让我的身体去匹配那些世俗的审美,我也并不需要去在意他人的眼光。我的注意力只放在倾听我身体的需要,精力只用来让我的身体变得更加健康和高效,也许很多压力突然就无影无踪了。

"我们猫咪也需要身体中立!"蒂凡尼突然大声叫起来,露出两颗小尖牙,"人类总是把自己的审美强加到我们猫咪身上,什么发腮了才好看,肥肥胖胖的才好看,大眼睛才好看,长毛才好看,品种猫才好看……就好像我们猫咪的生存意义就只有好看一样。我们又不是花瓶!"

"你说得对。猫狗作为人类的传统家庭伴侣,和人类共同生活了几千年,虽然不能用语言交流,但在情感层面我们有很多共通的地方。虽然人类使用了宠物这个词,但对很多人来说你们早已经是家人了,你们提供的无条件的信任和爱,随时随地的陪伴和情绪支持,温暖毛绒的身体所提供的良好减压效果,你们每天不经意提供的那些可爱瞬间,这些都比你们的外表是否符合人类的审美要重要太多了。"我轻挠着蒂凡尼的下巴,让她平静下来,"当然你们要是能每天不掉那么多毛就更好了。"

"哼,你自己每天不也掉一堆头发吗?有什么资格说我!"蒂凡尼把小脸转向一边。

"扎心了啊,掉头发那还不是因为在努力给你们赚猫罐头钱……"我苦笑起来,"咳咳,言归正传,不过人类真的是很在乎外表的,从古代开始中国人就非常注重仪表,认为仪表能够反映内心,表里如一十分重要。只是现在我们修饰外表的手段多得让人眼花缭乱,技术也更加先进,要达到世俗所认为的'完美',确实是需要花费更多的时间和精力了……"

· 如何积极/中立地看待我们的身体?

我尝试从心理学的角度来探索这个问题。多年以来,积极心理学一直呼吁我们无条件地接纳自己,保持积极的身体意象，认为自己是独一无二的，这个领域发表了大量的研究文献，创立了大量的心理干预方法——现实却是，饮食障碍的患病率却在增加。2019年的一篇综述提到，饮食障碍的患病率已经从2000—2006年的3.5%上升到了2013—2018年的7.8%[1]。身体积极运动的兴起也许就证明了心理学的"失败"。一个现实的问题是，专业的心理学手段往往只能在人们意识到心理出了问题的时候才会介入，而在宣传理念和传播思想方面，深居大学这座"象牙塔"里、全部精力都集中在搞研究发论文申请基金和教学生的大学教授们往往远不如社会活动家、女权运动者、科普作家和网络平台博主那么有社会影响力。

不过，身体积极运动和积极心理学所提倡的积极身体意象确实也存在着很多交集。蒂尔卡（TL Tylka）[2]在2012年的一篇文章中将积极身体意象解析为多个方面。

首先，积极身体意象包含5个核心特征，它们分别是身体赏识、身体接纳和爱、对美的广泛概念、内在的积极性和以保护身体为导向的信息过滤。

身体赏识（A1）是我们对身体功能、健康和特征的感激；我们会花时间关注和赞美身体所能做的事情，而不是对外貌进

---

[1] Marie, et al. (2019) Prevalence of eating disorders over the 2000−2018 period: a systematic literature review. The American Journal of Clinical Nutrition. 109(5): 1402−1413.

[2] Tylka(2012) Positive psychology perspectives on body image. (pp. 657−663) Encyclopedia of body image and human appearance, Elsevier.

行批评；当确实关注自己的外貌时，我们倾向于欣赏那些使自己与众不同的身体特征；对自己没有消极身体意象以及伴随而来的心理和情绪困扰而感到感激。

身体接纳和爱（A2）。我们对自己的外貌感到舒适，积极表达对自己身体的爱；强调身体的优点，承认自己的身体缺陷，但选择接受它们而不是过分关注它们；时刻提醒自己缺陷是作为真实人类的一部分；拒绝对自己进行整容手术，坚称没有人可以完美无缺，追求这个虚幻的理想会对自己的身体健康和心理福祉造成伤害。

对美的广泛概念（A3）。不将美限定于狭隘的、由文化定义的西方标准，比如女性的纤瘦身材和丰满乳房，男性的肌肉发达和健美身材；将美定义为一个人对自己身体意象的心理感受；使人美丽的是自信地展现自己，而不仅仅是外貌特征；外貌不应该相互比较，因为美是主观的；欣赏不同的外貌，包括不同的体型、发型、肤色和着装风格。

内在的积极性（A4）。人们感觉内心美丽，认为这种美丽会辐射到自己的外在表现（例如，眼神中的闪光），并在自己周围创造一种光芒；这种内在美是幸福和喜悦的积极情感，以及对自己和自身情况的乐观思考；相信这种积极情绪和认知帮助自己更清晰、更准确地看待自己；认为自己内心的幸福和积极身体意象是透明和真实的，因此他人能够察觉到；感觉到他人对自己的内在积极性和积极身体意象的反应非常积极，因为积极的心态是具有感染力的。

以保护身体为导向的信息过滤（A5）。我们能够过滤大部分与自己身体相关的负面信息（例如与体重有关的评论和观看纤瘦/肌肉健美的模特），同时接受大部分积极的信息；这种过滤并不会影响对自己或身体的感受；认为模特和演员和自己一样，区别在于他/她们有很多钱和时间可以花在私人教练、营养师、造型师和摄影师上，帮助他/她们展现最佳状态；相信以这种方式过滤信息可以帮助自己专注于生活的更重要方面。

这些核心特征都是人们自己的信念和行为。这5个核心特征有些和积极身体有关（例如A2和A3，它们强调对身体的爱和对美的重新定义），而另外三个特征则能帮助我们理解和实践身体中立。虽然积极身体和中立身体这两个运动流派似乎存在很多分歧，但对于个人来说，两种态度并没有优劣之分——如果你真心享受打扮自己的过程，享受他人对自己外貌的溢美之词，认为对外貌美的追求可以让自己拥有更高品质的生活，同时也不会受到他人不同审美观的影响，那么你为了维持积极身体意象的努力都是很有意义的。但如果你不再从追求外表美丽这件事上享受到乐趣，想把时间金钱精力花在其他更有意义的事情上，那么身体中立能够为你提供一个合适的努力方向。

除此之外，还有一些环境因素可以帮助人们促进这些积极的身体形象。

他人的无条件接受（B1）是一个重要的环境因素。自己的家人、伴侣和朋友普遍接受自己的身体，不进行任何批评，也不认为需要进行任何改变以符合社会理想；和自己一样，这些重要他人也重视内在的积极性，并且通过行动而非言辞来展示他/她们对自己的接纳；能够感受到自己因为真实的内在品质而受到社交网络中他人的爱和珍视。

媒体素养（B2）是另一个能让我们避免社交媒体的歧视性宣传和商业陷阱的因素。人们能够意识到媒体中关于女性和男性的大多数形象都经过数字修饰，虽然看起来完美无瑕，但这些理想是无法实现的——没必要浪费宝贵的时间去追求一个自己永远无法达到的标准。媒体素养还有助于加强人们的保护性过滤，使人们能够定期拒绝和/或质疑那些可能危害自己身体形象的图像，例如过度宣传的苗条模特或网红的照片，以及与体重和节食相关的文章和标题等信息。

蒂尔卡还提到了第三个因素——灵性（B3）。对有些人来说，纯粹靠自己的意志来做到无条件接纳自己有一定难度，但他/她们相信有一个无条件的爱和接纳自己的更高力量（例如神明），自己的身体也是由这种力量设计的，自己的独特有其存在的意义。每个人的身体就像是一座座"庙宇"，都需要得到尊重。

那么，我们怎么知道自己已经实现了积极/中立身体意象呢？

有着积极/中立身体意象的人最典型的特征就是自信（C1）。当我们真正接纳并以自己的方式来欣赏自己的身体，我们就已经克服了那道最难以逾越的沟渠。我在《压力心理学》一书里讲述自尊的发展时就已经提到过，虽然儿童和青少年的自尊包含学业能力、运动能力、社会接纳、身体外貌、行为举止、亲密友谊、异性吸引力和工作能力等多个维度，但研究发现儿童青少年的总体自尊得分和身体外貌的自尊得分紧密相关——我们从孩童时期开始，只要对身体外貌有着强烈的自信，无论其他方面的表现如何，都不影响我们成为一个自信的人。这种对外表的自信同样也会表现在外表上，自信的人不会回避他人的目光，总是带着微笑，昂首挺胸，言谈举止也会表现出高度的自我尊重和自我肯定。

外表自信对于提高人际自信很有益处。外表自信的人会表现出很多亲社会行为，例如鼓励和帮助他人建立积极身体意象；他/她们也会认真践行审美多元化的信念，接纳他人的积极身体意象；他/她们相信自身的感染力和感召力，能够带动更多的人追求积极的身体意象。他/她们也会有意识地选择与其他具有积极身体意象的人为伴/友，这样可以直接避免体重焦虑、减肥焦虑、身材焦虑等对话的出现，能够更好地帮助自己维持积极身体意象。

更重要的一点是，有着积极/中立身体意象的人能够更加聚焦在自我关怀（C2）相关的行为上，始终积极参与滋养身体和心灵的健康行为，认真听取身体需求并做出促进健康而非外貌的决策。自我关怀（self-compassion）是指以善意对待自己，承认自己和他人之间的共通性，并通过关注当下来减轻消极情绪的影响。和常常需要自我评价、自我辩护和自我增强的自尊不同，自我关怀并不受到失败、被认为不充分或不完美的情况的影响，不需要自我评价或与他人比较，是以一种善意的、有联系的、有远见的与自己建立联系的方式，把自己作为自己最强大的后盾[1]。通过自我关怀练习，人们也可以提高积极的身体意象。作为当下比较流行的心理干预方法，自我关怀更侧重在情绪和认知层面的改变——我们会在下一部分有关情绪管理的部分详细介绍；而认识我们的身体、理解我们的身体、关注我们的身体、照顾我们的身体，也应当是自我关怀的关键部分。

"如何照顾好自己难道不应该是从小就应该掌握的技能吗？"蒂凡尼震惊，"居然要长大成人以后重新学习？"

"这个话题说起来就比较复杂了……首先，照顾好自己，意味着要能够满足自己的基本需求，例如食物、安全感、足够的休息，但是这些对于因为资源匮乏而导致生存压力的人来说

---

[1] Neff (2011) Self-Compassion, Self-Esteem, and Well-Being. Social and personality psychology compass. 5(1): 1–12

本来就是很奢侈的东西。其次,除了基本需求以外,人类还有很多高层次的需求,例如实现人生价值、寻找归属感、满足成就感等等,有时候这些高层次的需求可能会和我们的基本需求有冲突。以我的父辈举例,他们认为人生最重要的是出人头地,有时候为了这个目标不得不不眠不休地去奋斗。奋斗本身是一件很重要的事情,毕竟人生都只有一次,大家都希望好好珍惜,没有任何遗憾地走过一生。但也正因为人生只有一次,我们更应该好好照顾自己的身体,让身体的使用时间尽量延长——可是长久以来很多人并不知道该如何照顾自己。虽然中国文化里有很多养生之道,但人们总觉得养生是退休的时候才有空干的事情,而且一想到养生就是闲云野鹤、归隐山林,与追求理想财富似乎是矛盾的。"

"唔,好复杂……"

"比如说,照顾身体最重要的一个原则,就是不要去主动伤害它,对吧?"

"那当然了!"

"可是为什么总有那么多人去主动抽烟喝酒呢?"

· 为什么抽烟喝酒减压法不可取？

在之前的章节中我们提到过，有研究显示男性相比于女性更少使用情绪性进食的压力应对策略，很可能是因为他们更倾向于使用抽烟喝酒的方式来缓解压力。多年前的研究显示，接受调查的美国大学生中有接近一半（45.7%）在过去一年中使用过烟草产品[1]，并且大部分大学生都是社会性吸烟者（social smokers），也就是说他/她们与他人一起吸烟的次数多于单独吸烟的次数，尤其是在一起喝酒的时候[2]。

马克·尼克特（Mark Nichter）等人对大学生吸烟行为进行了定性研究[3]，揭示了大学生选择吸烟的四种理由：（1）从不同的学习任务之间进行转换时帮助理清思路；（2）作为缓解预期压力的辅助手段；（3）在学习过程中帮助集中注意力；（4）作为庆祝完成学习或考试的一种奖励。与成人在工作结束后选择喝酒来放松一样，很多大学生在从学习过渡到社交时也会使用香烟来改变情绪或心态，这种功能和酒精的"重启键"

---

1 Rigotti, et al. (2000) US college students' use of tobacco products: results of a national survey. JAMA. 284(6): 699−705.
2 Moran, et al. (2004) Social smoking among US college students. Pediatrics. 114(4): 1028−1034.
3 Nichter, et al. (2007) Tobacco Etiology Research Network. Reconsidering stress and smoking: a qualitative study among college students. Tob Control. 16(3): 211−214.

功能很相似。总体来说，大部分学生描述他/她们吸烟的理由都是为了在环境中缓解压力，除了在经受学习压力的过程中和压力后使用吸烟的方式来缓解，他/她们也相信抽烟可以调节甚至消除与人际关系相关的压力和紧张情绪。

吸烟行为本身也能传递出一些社会信号。例如，有些大学生认为吸烟是通过一种非语言方式向他人传递吸烟者正在经历困难时期和心理痛苦的信号——在某些情况下，吸烟信号传递的信息是想要不被打扰的独处；而其他情况下，吸烟信号可能被视为陪伴的信号。有些大学生也提到，有时候吸烟并不是为了自己，而是为了陪伴有压力的朋友。这种共情吸烟（empathetic smoking）可以在躯体和情感层面分享存在感，作为在朋友遇到困难时表示支持的方式；它可能涉及也可能不涉及交谈，而更多时候它会成为一种避免讨论问题的方式，这种情况在难以表达情绪的男性中更为明显。

在女性中，共同吸烟的互动方式略有不同，很多女性描述当她们见证朋友经历压力时，她们也会感受到"二手压力"，此时朋友的压力转化为了她们自己的压力，于是她们感受到更高的吸烟需求。期末考试期间学生普遍学业压力都很大，而考试压力也具有"传染性"——学生们在宿舍和图书馆"浴血奋战"，也会一起休息，而休息期间共同"吞云吐雾"也让学生体验到团结友爱的感觉，让他/她们觉得自己并不是在孤军奋战。

喝酒和吸烟一样，也能够提供很多"社交价值"。而酒精具有神经毒性，兼具兴奋剂和镇静剂的"功效"：在体内酒精含量刚刚开始增加时，酒精可以让我们感到兴奋；随后体内升高的酒精含量则会带来更长时间的神经抑制[1]。这种神经抑制会导致社交去抑制（social disinhibition），即体内酒精含量比较高的人在社交互动中表现出较少的抑制、克制和自我控制，可能导致冲动、社会冲突、冒险行为和不适当的社交行为。但如果团体中把这种社交去抑制解读为"勇敢、有胆量"，人们也可能会通过大量喝酒来获得团体的接纳。更重要的是，有些文化也会鼓励人们采用喝醉酒的方式来应对压力，例如"一醉解千愁"。

人们（尤其年轻人）总是有很多理由来选择吸烟和喝酒作为压力应对的方式，但拒绝这种压力应对方式的理由有一个就够了——损害健康。毫无疑问，这是以杀敌五百、自损五千的方式来对抗压力。

国家卫生健康委发布的《中国吸烟危害健康报告2020》[2]里提到，我国吸烟人数超过3亿，2018年中国15岁以上人群吸烟率为26.6%，其中男性吸烟率为50.5%。我国每年100多万人因烟草失去生命，如果不采取有效行动，预计到2030年将增至每年200万人，到2050年增至每年300万人。吸烟损害肺部

---

[1] Breedlove, et al. (2016) Behavioral Neuroscience (8th Ed.) Sinauer Associates, Oxford University Press.
[2] "国家卫生健康委发布《中国吸烟危害健康报告2020》"，2021年5月28日。

结构、肺功能和呼吸道免疫系统功能,引起多种呼吸系统疾病;烟草烟雾中含有至少69种致癌物,当人体暴露于这些致癌物中时,致癌物会引起体内关键基因发生永久性突变并逐渐积累,正常生长调控机制失调,导致恶性肿瘤发生;吸烟会损伤血管内皮功能,导致动脉粥样硬化改变,使血管腔变窄,动脉血流受阻,引发多种心脑血管疾病,并影响心脑血管疾病的其他危险因素,产生协同作用,加剧心脏和血管风险;吸烟使拮抗胰岛素的激素分泌增加,影响细胞胰岛素信号转导蛋白的合成,抑制胰岛素的生成,长期吸烟还可引起脂肪组织的再分布,上述因素均可增加胰岛素抵抗。此外,二手烟中含有大量有害物质与致癌物,不吸烟者暴露于二手烟,同样会增加吸烟相关疾病的发病风险——尤其是对孕妇、胎儿和儿童。中国疾病预防控制中心控烟办公室2017年发布的《吸烟的危害》宣传册中也额外提到了吸烟对牙周、眼部和皮肤健康的强烈危害,男性吸烟可以导致阳痿,女性吸烟会导致不育和影响胎儿发育。

"中华人民共和国科学技术部"网站2021年发文[1]称,世界卫生组织国际癌症研究机构(IARC)发表在《柳叶刀肿瘤学》杂志上的一项建模研究表明,2020年加拿大有7 000例新癌症病例和较重的饮酒模式有关,其中包括24%的乳腺癌病

---

1 央广网。"科技部网站:酒精是世界卫生组织定义的1类致癌物是全球癌症的主要原因。"2021年8月4日

例、20%的结肠癌病例、15%的直肠癌病例和13%的口腔癌和肝癌病例。成瘾和心理健康中心（CAMH）的凯文·谢尔德（Kevin Shield）表示，酒精是世界卫生组织国际癌症研究机构（IARC）定义的1类致癌物。酒精是全球癌症的主要原因，并且随着酒精消费量的增加，癌症数量也将进一步上升。

抽烟和喝酒对身体健康的危害，在很多水平和慢性压力对身体健康的危害是重合的：例如导致心脑血管疾病、高血压和糖尿病。当然，这两种成瘾物质对身体健康的危害要远大于慢性压力。我们减压的目的是为了健康，而选择抽烟喝酒来应对压力只会让我们在压力下本就岌岌可危的健康更加雪上加霜。开篇提出的那些看起来很诱人的吸烟的理由，只不过是成瘾的副产物而已——正是因为酒精和尼古丁的高度成瘾性，让人们一旦沾染上就很难戒断，于是不得不为自己的行为想出无数合理化的理由，就可以理直气壮的继续成瘾下去。当烟酒成瘾以后，体内尼古丁或酒精的含量降低反而会成为新的压力源，促使人们继续抽烟喝酒以缓解这些本不应该存在的压力。

促使人们戒烟/戒酒，或者从一开始就坚持远离抽烟/喝酒以应对压力的因素很多，而积极身体意象已经被证实是一种重要因素[1]，尤其是对女性而言[2]。自我关怀训练在一定程度上对于吸

---

1 Jones, et al., (2018) Binge drinking and cigarette smoking among teens: Does body image play a role? Children and Youth Services Review. 91: 232–236.

2 King, et al., (2005) A prospective examination of body image and smoking cessation in women. Body Image. 2(1): 19–28.

烟者自我调节的吸烟量减少有一定效果,基于想象的自我对话干预也有相同的功效[1]。这些研究都说明,当我们能够保持积极的身体意象,能够采取自我关怀的方式来照顾自己的身体,我们往往能够拒绝或减少选择那些对身体有害的压力应对方式。

在日常生活中,我们都懂得购买的高额商品需要认真操作、精心照顾、定期维护才能发挥功效,例如花大价钱买的汽车。但对我们来说最值得珍惜、最需要去认真了解、也最无价的"大型仪器",其实就是我们的身体。通常情况下,我们并不会采取伤害我们心爱的私家车的方式来使用它,比如用烟熏它,或者故意把它开到池塘里去浸泡——因为我们知道这些行为除了损害它以外没有任何意义。那么为什么你要去主动伤害自己的身体呢?

"人类喜欢抽烟喝酒,就和猫咪喜欢猫薄荷一样吗?"蒂凡尼吐了吐舌头。

"你们会上瘾吗?两三个小时不吸猫薄荷就会浑身难受?"我问道。

"那倒不至于……"

---

[1] Kelly, et al. (2010). Who benefits from training in self-compassionate self-regulation? A study of smoking reduction. Journal of Social and Clinical Psychology, 29(7), 727–755.

"你们有聚众吸猫薄荷的文化吗?要是不跟一群猫一起吸就会被瞧不起,被排挤?"

"那好像也没有……"

"会有各种猫咪届的影视文学作品里不断提到猫薄荷的重要性,很多著名人物一情绪低落就一定会去吸猫薄荷,或者很多猫咪届的帅哥美女会以特别酷炫的姿势来吸猫薄荷,让猫咪一想到猫薄荷就会想到帅气美艳?"

"……我懂了。幸亏猫咪的世界比你们人类简单多了。"

· 为什么饮食管理也可以帮助压力管理?

拥有着积极身体意象的人除了会主动拒绝那些会损害身体健康的行为,也会积极主动地去追求那些能够促进或保持身体健康的行为，饮食管理就是其中之一。

首先需要强调的是，饮食管理并不是节食（节食的危害我们在前面的小节中已经详细描述了），或者是极端的健康食品痴迷症（Orthorexia Nervosa）。健康食品痴迷症[1]是1997年提出的一个医学概念，指人们因过度追求健康饮食而表现出极端的饮食失调，症状包括身心焦虑、无法以一种不经计划的方式进食、除了饮食之外对其他有利于健康的活动失去兴趣等，极端情况下会使人处于严重营养不良状态，甚至导致死亡。虽然健康食品痴迷症尚未被认可为饮食障碍或精神疾病，它确实是对健康食品痴迷的一种极端形式——一旦对健康食品过度痴迷到容不得一丝变通，它反而会变成压力源，给我们带来焦虑和紧张情绪。

饮食管理也并不需要十分复杂的饮食计划。很多为了达到极低体脂率的健身者或为了在短期内达到减脂效果的所谓"减脂营"会教导很多彻底改变饮食结构的方法，尤其要控制饮食的配比和食物摄入量，要计算每种食物的热量和每顿饭的总热量——也因此诞生了很多方便人们计算食物热量的小程序。但即使有这些小程序在，吃饭的流程也并没有简化多少，原本吃饭应该是一件放松和享受的过程，最后变成了拼命查资料、做计算题、一旦热量超标就开始焦虑得吃不

---

[1] Scarff. (2017) Orthorexia Nervosa: An Obsession With Healthy Eating. Fed Pract. 34(6): 36–39.

下饭的过程。这也产生了一个悖论：很多需要"减肥"的人往往是因为工作压力大，一忙起来可能连吃饭的时间都没有，更不要说按照严格的饮食计划来准备食物和计算每餐的热量了。过于复杂的饮食管理流程很可能让本就时间不充裕、精力有限的人望而却步，放弃饮食管理或者选择更加简单易行的节食减肥。

我们都知道，习惯的改变往往需要较长的时间，也需要循序渐进的方法。饮食习惯尤其如此，突然彻底的改变饮食结构是很难的——虽然有些时候也不得不去做，例如已经检查出诸如糖尿病、高血压、高血脂、心脏病等慢性疾病，医生叮嘱必须要"忌口"，需要严格控制碳水、脂肪酸、盐分的摄入。但是如果知道我们的饮食结构存在着健康隐患，为什么一定要拖到身体已经出现问题不得不就医的时候才作为辅助治疗方案来改变饮食呢？尤其是这些慢性的代谢疾病都具有高度遗传性，也就是说如果你的直系亲属（如父母、爷爷奶奶、外公外婆）有"三高"、心脏病甚至癌症的病史，那么你患病的风险也很高，需要改变生活习惯和饮食习惯的动机也更强。毫不夸张地说，对于因为遗传等因素而天生患病风险高的人来说，及早进行饮食管理不仅是改善生活质量，更是在救命。

关于什么是健康食物，几乎不存在什么争议，我国卫生健康委员会、农业农村部、国家体育总局和疾病预防控制中心联合指导发布的《中国居民平衡膳食宝塔（2022）》在官方网站[1]上已经写得很详细了。从执行的角度讲,最容易做到的是两件事:少油少盐,多喝水。低身体活动水平的成年人每天至少饮水1 500~1 700毫升,也就是500毫升的矿泉水需要喝3~4瓶为宜。成年人平均每天烹调油不超过25~30 g,食盐摄入量不超过5 g——这也意味着,我们需要在日常饮食中避免使用大量烹饪油和酱油、盐的食物。由于深加工过的食物(例如腊肉、香肠、火腿等)往往添加了大量油盐,在每日饮食中也应当尽量避免。当然,中华饮食文化博大精深,很多家乡特色饮食(还记得前面提到的舒适食物吗)往往都是高度加工过的食物,历史悠久,具有特殊意义——逢年过节家人团聚,一起其乐融融吃家乡美食,并不违背饮食管理的原则,也完全无需为此焦虑。饮食管理的意义在于日常,正是因为我们大部分餐饮都能够做到健康,偶尔的"放纵饮食"才不会带来健康负担。而且我们每个人的口味是不同的,如果本就习惯了高油、高盐、高糖的烹饪风格,要突然改变也不容易——但可以先从逐步减少开始,给身体的食物加工系统缓慢适应的时间,最终形成可以长期保持的健康饮食习惯。

迈克尔·格雷格(Michael Greger)和吉恩·斯通(Gene Stone)在《救命!逆转和预防致命疾病的科学饮食》[2]一书中提

---

[1] 中国居民平衡膳食宝塔(2022)修订和解析,2022年4月28日。
[2] 格雷格,等。(2018)救命!逆转和预防致命疾病的科学饮食。电子工业出版社。

到进食的红绿灯法则,其中绿灯代表未加工的蔬菜,黄灯代表加工蔬菜和未加工的动物制品,红灯代表深加工的蔬菜和加工的动物制品——理想的情况是要大量摄取绿灯食物、减少摄入黄灯食物、避开红灯食物。当然,这个法则主要是针对日常饮食中大量吃肉、很少吃蔬果的美国餐桌,中餐一直比较注重"荤素搭配",所以如果日常饮食中本来动物制品就占主要地位,也不需要刻意减少——但避开深加工食物,多吃少油、少盐方式烹饪的新鲜蔬菜确实是保持健康的关键。

中国居民平衡膳食宝塔一共有5层,除了刚才提到的第5层的油盐以外,还有第一层的谷薯类食物,它为我们提供主要的碳水化合物来源;第二层的蔬菜水果,为我们提供膳食纤维、维生素和其他身体所需的化学物质;第三层是鱼、禽、肉、蛋等动物性食物,为我们提供蛋白质、脂肪、维生素和多种矿物质;第四层是奶类、大豆和坚果,为我们提供蛋白质、钙和脂肪酸。每一层都有推荐的食材,也基本都是菜市场常见的新鲜蔬菜和肉源,只要保证每餐碳水化合物、蛋白质、脂肪、膳食纤维等食材均衡就可以了。

人们常说,减肥只需要两步:"管住嘴,迈开腿。"健康其实也是一样。但很多人理解管住嘴就是节食,这是过分简单化了。一日三餐是为了补足我们身体所需要的能量,毕竟人类只要活着就在不断消耗能量,如果没有及时通过进食补充能量,我们就只能消耗身体里储存的能量,最终油尽灯枯。只有在两种情况下我们才需要管住嘴：吃饱了就住嘴不要等到吃撑；三餐之间减少加餐（尤其是高热量低分量的零食）。大量针对动物的食物剥夺的研究显示，将成年或高龄恒河猴的卡路里摄入量减少到平时食物摄入量的50%～75%可以适当延长实验动物的平均预期寿命[1]；2023年一篇最新研究论文揭示，通过人工手段刺激和果蝇食欲相关的神经元而产生适度的饥饿感对健康有利，甚至可以延长寿命[2]。这些研究确实也为中国传统养生观念"吃饭七分饱"提供了十分有利的佐证。但要注意的是，保持适度饥饿感在具体操作层面还存在很多问题：毕竟很多人连适度进食都做不到，那保持饥饿感也很可能最后变成厌食症；而且实验室的研究结果虽然很令人振奋，但这些实验室动物要么食欲控制机制和营养需求相比人类要简单的多，要么长期圈养在笼子里并没有太多消耗能量的机会——不像人类还要出门上班赚钱，还要面对大量劳心劳力的社会压力——所以直接下结论说人类进行热量限制就一定会长命百岁还是为时过早。

当然，要进行科学的饮食管理，还需要相应的营养学知识和健康知识，这并不是一个小节就可以讲完的话题。但具有积极身体意象、希望能够保持身体健康的人，都可以从多种比较权威的发布渠道获得相应的知识，从实践中探索出适合自己

---

1 Mattison, et al. (2017) Caloric restriction improves health and survival of rhesus monkeys. Nat Commun 8, 14063
2 Weaver, et al., (2023) Effects of hunger on neuronal histone modifications slow aging in Drosophila. Science. 380, 625-632

的饮食管理方案。但无论何种方案，最重要的原则还是逐步改变，不要试图一步登天，要以相对简单的、可以坚持的、让自己舒适、不会产生额外焦虑感的方式来进行——例如先从减少日常饮食的含油含盐量（尽量避免深加工食物）和多喝水（少喝含糖饮料）开始，并养成健康的进食习惯：吃饭尽量细嚼慢咽、觉得饱了见好就收、三餐吃好和少吃零食（或者以低热量的零食替换）。当我们能够坚持这些最基本的健康进食原则，再继续改变，例如增加高质量蛋白质的比例，用升糖指数低的碳水化合物替代升糖指数高的碳水化合物，减少或避免饱和脂肪酸和反式脂肪酸的摄入并以多不饱和脂肪酸代替，增加三餐中新鲜蔬菜的比例，少吃多餐等。这些都有相对官方的饮食建议，前提也都是我们需要认可并接纳这些健康饮食的理念，并将它们变成我们可以喜爱和坚持的习惯。

形成健康的饮食习惯最关键的奖励就是带给我们健康的身体，这也是生活控制感的重要体现——这些吃进嘴里的食物都会化成我们身体的一部分，了解它们，对它们做出选择和管理，并对我们的进食过程进行主动的觉知和调控，正是我们了解身体、控制身体和照料身体的重要环节。饮食管理不止能维持我们的健康，甚至可以降低我们的患病风险，尤其是对有心血管家族史的人。很多心血管医生都会推荐"地中海饮食"给患者，这种饮食习惯的特点是：以摄入橄榄油、水果、坚果、蔬菜和谷物为主，同时适量摄入鱼肉和禽肉，较少摄入红肉

(如猪、牛、羊肉)、加工肉制品和甜食。复旦大学附属中山医院营养科的高键医生也提出了本土化地中海饮食的建议[1]：橄榄油、茶油和芥菜籽油与其他油混用；增加粗杂粮；多吃蔬菜、水果、海鱼；每天吃乳制品；禁酒/控酒。

"身体是革命的本钱。"事实上，身体是一切的本钱。我们的身体才是我们最大的资源，它的健康和高效运转能够帮助我们换取其他宝贵资源，反之我们只能眼睁睁的看着资源不断被耗尽。一日三餐，就是我们主动控制生活、主动关怀自己身体的最好机会——但也是最容易被我们遗漏的机会。自我关怀，其实并不需要什么复杂的理论和专门的训练，从规划好我们的一日三餐开始做起，我们会变得越来越会照料自己。

· 为什么压力越大的人越需要提高睡眠质量？

除了一日三餐，我们每天还有一次照顾自己的宝贵机会，就是睡觉。如果从时间分配上来看，睡眠比进食占用了我们更多的时间——假如我们能够做到每天7~8小时的睡眠，也就意味着我们一生中1/3的时间都在睡觉。换句话说，到我们60岁的时候，我们有差不多20年的时间是在睡眠中度过的。

人类的睡眠通常以90~110分钟为一个周期，经历了从浅

---

1 高键，等。(2021) 28天吃出心健康：中国本土化地中海饮食。复旦大学出版社。

睡眠（第1和2阶段）到深睡眠（第3阶段，又称慢波睡眠阶段），再返回到浅睡眠，然后发生持续时间不等的快速眼动睡眠阶段。当第一个周期结束之后，又会从浅睡眠开始循环。通常成年人一个晚上会重复4～5个周期，在没有闹钟或外界干扰的情况下，人们通常会在第4～5个周期的快速眼动睡眠阶段结束后自然醒来[1]。

有极少数的人群每晚只需要1～2小时的睡眠即可，但大多数人却没有这种天生的"幸运"。动物睡眠剥夺实验揭示了大鼠持续睡眠不足会导致其代谢率增加、体重减轻，并且平均在19天内死亡。睡眠不足的动物体温会下降，导致它们无法在病菌感染时通过发烧来激活免疫系统和身体防御系统对抗入侵，这很可能会加速细菌感染，进而导致弥漫性器官损伤。在一个为期14天的人类睡眠限制实验中，与每晚睡8小时的志愿者相比，每晚睡6小时或4小时的志愿者在注意力任务和反应速度方面表现出越来越严重的缺陷[2]。另一个针对110万名成年人的睡眠调查则显示，每晚睡7小时的人相比睡8小时（或更长）和6小时（或更短）的人，存活率更高[3]。

---

1 Breedlove, et al. (2016) Behavioral Neuroscience (8th Ed.) Sinauer Associates, Oxford University Press.
2 Van Dongen, et al. (2003) The cumulative cost of additional wakefulness: dose-response effects on neurobehavioral functions and sleep physiology from chronic sleep restriction and total sleep deprivation. Sleep. 6(2): 117−126.
3 Kripke DF, et al. (2002) Mortality associated with sleep duration and insomnia. Arch Gen Psychiatry. 59(2): 131−136.

大多数人（和动物）都需要长时间的睡眠，正是因为睡眠对于我们的生存有着无可替代的作用。睡眠期间我们的代谢活动减少，能够帮助我们保存能量——困意来袭时和睡眠不足的第二天，身体产生了不愉快的困倦感，正是为了强制让我们休息。睡眠期间我们的身体也没有完全闲着，而是以低功率运行着，为我们的身体重建或恢复清醒时需要的蛋白质等物质，并且通过脑脊液的流动，收集和处理我们在清醒时大脑产生的代谢废物。这个过程对我们的大脑健康至关重要：例如β淀粉样蛋白是睡眠期间清除得更快的废物之一，而β淀粉样蛋白的积聚是阿尔茨海默病（一种常见的严重影响记忆和生活的老年认知障碍）的可疑原因，睡眠紊乱也会导致大脑清除系统在清醒和睡眠时都减慢，从而致使β淀粉样蛋白的积累，并很可能导致阿尔茨海默病[1]。当我们刚刚学习了新的知识（例如刚背了一些英语单词）后，需要对这些知识进行反复巩固才能最终形成稳定的记忆，而很多记忆巩固的过程都发生在睡眠过程中[2]。因此长期睡眠不足的人会出现记忆力差，工作/学习效率低的问题，也是因为记忆系统受到了损伤。

睡眠对于我们的生存/健康和生活如此重要，不幸的是，我们的睡眠过程也很容易受到压力的影响。暴露于压力事件

---

[1] You JC, et al. (2019) Association of β-Amyloid Burden With Sleep Dysfunction and Cognitive Impairment in Elderly Individuals With Cognitive Disorders. JAMA Netw Open. 2(10): e1913383.

[2] Stickgold (2005). Sleep-dependent memory consolidation. Nature 437, 1272-1278

（如重大生活事件和日常麻烦）会损害正常的睡眠功能，而不同的人受到影响的程度也不同——研究者们将其称为睡眠反应性（sleep reactivity），指压力反应中一种特定的睡眠相关的成分[1]。睡眠和压力反应中共通的还有情绪反应性、心血管反应性和胃肠道反应性，这些躯体和情绪因素会互相影响，导致严重的心理健康和生理健康后果。人们在经历与压力有关的睡眠问题的程度上差异很大：高反应性的睡眠者在压力下会经历急剧的睡眠恶化，而那些睡眠反应性低的人在压力下则基本不受干扰。此外，个人对压力的睡眠反应在不同的时间和不同的压力刺激（如咖啡因、就寝时间或睡眠环境的改变）下是一致的。压力反应性通常使用福特失眠对压力反应量表[2]（Ford Insomnia Response to Stress Test）来测量，考察了多种情境下人们失眠的可能，例如在第二天的重要会议之前、经过了白天/夜晚的紧张经历之后、白天收到坏消息后、看了恐怖的电影或电视节目后、争吵后、不得不公开演讲前等。高反应性者的睡眠受到了严重干扰，也表现出生理过度觉醒——很多失眠表现为入睡困难，处于慢性压力和焦虑影响下的人表现尤为明显。夜深人静的时候，明明到了应该入睡的时间，脑子里却无法平静，总是会有各种忧虑和对没做完的事情的思考时不时地闯进来，一

---

1 Kalmbach, et al. (2018) The impact of stress on sleep: Pathogenic sleep reactivity as a vulnerability to insomnia and circadian disorders. J Sleep Res. 27(6): e12710.
2 Drake, et al. (2004)Vulnerability to stress-related sleep disturbance and hyperarousal. Sleep.27(2): 285-91.

旦开始思考就停不下来。身体明明已经觉得很累了，但心脏却跳个不停，在寂静的夜晚里显得十分聒噪……失眠的那一刻，我们才能深刻体验到对于身体和大脑失去了控制的痛苦。

讽刺的是，和很多大学生一样，我在学生时代为了完成我认为更重要的事情——写论文、完成作业、甚至玩游戏，总是觉得晚上效率更高，也总是会想尽办法"克扣"自己的睡眠时间。不过年轻的时候也确实很少会睡不着，只有熬夜到实在撑不住了倒头就睡的经历。但很多事情失去了才会意识到它的宝贵。2020年底，我的父亲被诊断出肺癌晚期，几乎每天晚上都会出现高烧和疼痛，需要人彻夜不眠照顾他，为他进行物理降温以缓解疼痛。因为疫情期间医院只能有一个陪护，我和母亲于是轮流在病房里过夜。我值班的时候，每天晚上只能断断续续睡2～3小时；但即使轮到我在家休息，我也会因为担心父亲的病情而难以入睡，睡着了也会在凌晨3点左右醒来（这通常是父亲开始发高烧的时候），然后辗转反侧再也睡不着。将近4个月的碎片化睡眠和严重睡眠不足让我的睡眠习惯被彻底破坏，即使是在父亲因病过世的半年后，我依然需要漫长的时间才能入睡，半夜苏醒的频率也很高。而压力一大，我的睡眠状况又会急剧恶化。

慢性压力和创伤压力带给身心的影响是深远的，除了睡眠，我的健康也急转直下，本就有心血管疾病家族史且先天血压和心率高的我一度血压飙升到了高血压临界值，并且直到现在我的睡眠质量也无法回到从前。但也正是因为这段经历，我更加珍惜睡眠的时间；我也尝试了很多办法来改善睡眠，从冥想到正念，从颂钵到梵文唱诵，从瑜伽到高强度间歇运动（这些我都会在后面的章节里介绍）。但最后我发现，最有效的方法还是早睡早起（哪怕睡不着也一定要准时上床躺着），并坚持规律的作息——虽然我花了相当长时间才做到这一点。

我们的身体是一台设计精密的仪器，而和所有仪器一样，它需要定时补充能量，也需要定期休息。能够获得足够休息和保养的仪器才能高效运转更长时间。但我们的身体又比仪器更加脆弱，它受到很多内在情绪思维和外在压力的影响，这种影响的最直观体现就反映在睡眠质量降低上。很多压力相关的心理障碍，例如抑郁症、焦虑症和创伤后应激综合征，都可能会出现睡眠紊乱的症状。睡眠不足本身就会给身体带来压力，会让我们的精神、情绪、精力、健康状态愈加恶化；而要解决这种压力的最好办法，就是尽量放轻松，尽量休息。但这也是一个无奈的悖论，只有压力小或者受到压力伤害小的人才能睡个好觉；而最需要睡眠的人却需要付出更多努力才能得到休息，休息的质量也大打折扣。和饮食紊乱一样，睡眠紊乱并不是突然形成的（除了极端的创伤压力），也同样需要更长时间调理和恢复。尤其是，当我们开始出现睡眠质量下降的时候，就一定要重视，要想办法减轻压力，改善睡眠，否则睡眠欠债一旦多起来，对身体的损害加剧，再要恢复就更加困难了。

你可以使用下面5个简单的问题来确认自己的睡眠健康状况,这些问题来源于缩写为SATED(意为满足的)的问卷[1]:

> 你对你的睡眠满意吗?
>
> 你整天保持清醒而不打瞌睡吗?
>
> 你在凌晨2~4点睡着了(或想睡着)吗?
>
> 你晚上醒着的时间(包括入睡和从睡眠中醒来所花费的时间)少于30分钟吗?
>
> 你每天的睡眠时间在6~8小时吗?

如果你对这些问题的答案都是"经常或者总是",说明你的睡眠质量没有任何问题,你也对此感到满意。但如果并非如此,那么你需要及早开始想办法改善睡眠质量。先从强制睡眠作息规律开始,如果是因为情绪困扰,在下一部分有关情绪和压力的问题里会提供一些方法来缓解情绪压力;还有一个很容易被忽视的因素——锻炼身体。睡眠与身体活动有着密不可分的联系,白天我们的身体能够得到一定的运动量,释放掉神经紧张,也给身体提供了休息以恢复能量的动机,睡眠自然会得到改善——但注意不要在睡前进行剧烈运动,否则需要更多时间让兴奋的神经冷静下来才能睡着。

---

[1] Buysse. (2014) Sleep health: can we define it? Does it matter? Sleep. 37(1): 9–17.

"能吃能睡难道不是这个世界上最幸福的事情吗?"蒂凡尼懒洋洋的晒着太阳,正午的阳光把她身上橘色、棕色的长毛染成了金黄色。

"是,但也不是。有的人天生就能好好吃好好睡,这对他们来说是稀松平常的事情。有的人要拼尽全力才能拥有吃好睡好的生活,还有更多的人要牺牲吃和睡,才有可能实现人生理想。"我坐在蒂凡尼身边,和她一起享受着晒太阳的快乐,"每个人的生活轨迹不同,掌握的资源不同,追求的目标不同,也没什么可比较的。但对所有人来说,吃饭和睡觉都是我们每天必须要做的事情,也是我们最容易忽略的事情,把每次吃饭和睡觉的机会都当成是照顾我们的机会而好好珍惜,在条件和时间允许的情况下尽可能地管理饮食习惯和睡眠习惯,这是让我们的身体能够可持续发展的重要原则——尤其是,越早开始管理,受益就会越多。"

· 为什么锻炼身体是最佳减压方式？

丹尼尔·利伯曼（Daniel E. Lieberman）在《锻炼》[1]这本书里提到一个很有趣的观点：人类其实是生而懒惰的。与我们的近亲类人猿相比，所有人类都是大功率、"高油耗"的生物——即使是久坐不动的西方人，经过体重修正之后每天消耗的能量也比生活在森林里的黑猩猩要高得多。

让我们先简单了解一下人类的能量代谢。人体能量的单位是卡（calorie，也就是俗称的卡路里），通常用1 000卡（千卡或大卡）来作为基本单位。每天总能量消耗是3种不同能量消耗的总和，包括：（1）静息代谢率，身体维持血液循环，呼吸和温度调节等重要身体功能所需的最低能量，通常占总能量的70%；（2）食物热效应，处理食物（消化）供储存和使用所额外增加的能量消耗，通常占总能量的6%～10%；（3）身体活动能量消耗，前两种以外的与身体活动相关的能量消耗量，如走路、上楼、家务劳动、运动等，约占总能量消耗的20%或更多[2]。

静息代谢率可以用两种简单的公式粗略计算，它们分别是米夫林-圣乔尔方程（Mifflin-St Jeor Equation）和哈里斯-

---

[1] 利伯曼。（2022）锻炼。天津科学技术出版社。
[2] 美国国家运动医学学会等。（2019）NASM-CPT美国国家运动医学学会私人教练认证指南（第六版）。中国工信出版集团，人民邮电出版社。

本尼迪克特方程[1]（Revised Harris-Benedict Equation）。以后者为例，男性静息代谢率 = 13.397 × 体重（千克）+ 4.799 × 身高（厘米）- 5.677 × 年龄 + 88.362；女性静息代谢率 = 9.247 × 体重（千克）+ 3.098 × 身高（厘米）- 4.330 × 年龄 + 447.593。也就是说，一名身高170厘米体重70千克的30岁男性，静息代谢率大约是1 672大卡；同样身高体重年龄的女性，静息代谢率大约是1 492大卡。

但这个静息代谢率公式只是简单估算，实际上，影响静息代谢率的远不止身高、体重和年龄，还有温度，例如过冷或过热都会增加静息代谢率；基因，人们天生静息代谢率就不同；饮食，少吃多餐可能有助于增加静息代谢率，而饥饿则会大幅度减少静息代谢率（代谢适应）——这也是节食减肥的方法很难坚持也很容易反弹的根本原因。除此之外，还有一个非常重要的增加静息代谢率的方法，那就是肌肉质量。无氧运动和抗阻训练能够增加肌肉含量，增加静息能量消耗。人体内的肌肉含量越高，维持在一定水平所需的静息代谢率也就越高。

还记得我们在"为什么我们无法化压力为挑战"里提到的，卡卢利人狩猎采集的生活方式保护了他/她们不对生活压力反应过激，以及慢性疾病和抑郁症的高发很可能源于过去人

---

[1] Johnstone, et al. (2005) Factors influencing variation in basal metabolic rate include fat-free mass, fat mass, age, and circulating thyroxine but not sex, circulating leptin, or triiodothyronine1. Am J Clin Nutr. 82: 941−948.

类环境与现代生活的进化不匹配吗?选择了直立行走的人类相比于在树丛间生存嬉戏的类人猿们,需要消耗更多的能量;而气候的变化也使得人类进化出了一种更加与众不同的生活方式——狩猎和采集/种植,这些活动需要消耗更多的能量。生活在现代社会的我们可能很难想象这些活动的运动量有多大:在农耕文明中,人们日出而作,日落而息,几乎每天都要在田间地头劳作;在游牧文明中,这些生活在马上的民族需要不断迁徙,寻找草肥水清的土地,也需要不断锻炼强壮的身体以抢夺或保卫土地。

利伯曼认为,我们的本能就是避免非必要的身体活动,因为在人类几千年来的进化历史中,大多数人都不得不为了生存而奔波劳作,根本不曾出现过"缺乏运动"的情况——就在不久之前,只有伟大的国王和王后才有随时随地随心所欲休息的特权;时至今日,人类的生存条件发生了奇怪的反转,特权阶级的特权却变成了出于健康目的而自愿进行的身体活动,也就是锻炼。各种节省体力的机器和交通工具,纯脑力劳动工作的大量涌现,让全球数十亿的人远离身体活动,在每天的大多数时间里像那些类人猿近亲们一样坐着(或者瘫着)。

时代变了,生活方式变了,我们的本能和身体机制却还没变——它以为自己需要应对的还是那个每天大量体力劳动并且食不果腹的年代——所以我们的身体抵制运动,拒绝锻炼,努力地为我们储存脂肪,一有机会就想让我们躺平。"懒得运动"

并不是一件可耻的事情，我们不过是遵从了本能而已。

但人类的有趣之处，就是我们会不断挑战和对抗本能。锻炼身体带来的益处是如此之多，真的没有什么理由拒绝它。锻炼身体可以消耗额外的能量，增加每天总能量消耗；增肌相关的训练能彻底改变我们的身体构成，增加肌肉含量，提高基础代谢，减少脂肪堆积的可能。锻炼身体也能改善我们的睡眠质量——而为了保证规律的运动计划，我们也必须要合理规划时间，保证规律的作息——早起健身也是我早睡早起的直接动力。因此，锻炼身体能够直接有益于饮食和睡眠这两个让我们保持健康的重要因素，从而不断形成良性循环，帮助我们抵抗或延缓压力和衰老对身体的损害，维持和促进身体健康。

我是锻炼身体的直接受益者。作为一名出生只有2500克的小体重婴儿，我从小就体弱多病，是医院的常客，小学体育成绩几乎都在及格线徘徊。中学之后开始每天早晨跑步，坚持一年以后，成为了校运动会的田径选手。上大学之后很遗憾地遵从了本能，没有继续锻炼；但开始工作以后，深感工作压力之重，单纯只是想着压力越大身体越不能垮，于是以投资身体的心态走进了健身房。5年下来，我的健康状况、体态、身体控制能力、运动表现、饮食习惯、睡眠习惯和其他生活方式，都因为健身的习惯而发生了巨大的变化。

锻炼身体的方式有很多种，根据锻炼的内容和方式的不同，训练所想要达到的目的也不同。通常情况下，锻炼要提升的有身体的柔韧性、心肺功能、核心力量、平衡性、快速反应性、速度和敏捷性、抗阻训练（提升力量和肌耐力）[1]。自我筋膜放松（如使用泡沫轴等）和拉伸技术可以提高我们的柔韧性，增加关节活动度和肌肉延展能力，避免运动损伤，也能缓解久坐和重复动作带来的肌肉紧张和关节僵硬。心肺训练可以使用跑步（或跑步机）、骑自行车（或动感单车）等方式，也可以使用循环负重训练（如哑铃、杠铃等），目的都是在中等或高等强度的有氧运动中维持相对高的心率（55%～70%或高于70%的最大心率）；最大心率可以用220减去年龄来粗略估计。成年人每周进行300分钟以上的中等强度有氧运动（例如快走）或150分钟以上的高强度有氧运动（如跑步），可以大幅度降低患多种慢性疾病的风险。人体的核心是"组成腰椎-盆骨-髋关节"的复合体，是身体的重心所在，也是所有动作的起始点；核心肌群的力量增强能够有效地帮助我们稳定身体，支撑起其他的训练动作。自重抗阻训练、负重抗阻训练、徒手训练、波速球等都可以帮助我们锻炼核心，而强大的核心也绝不只是可以坚持10分钟平板支撑这么简单。抗阻训练可以通过自重或负重来提高稳定性、肌肉耐力和力量、肌肉爆发力，也会让肌肉变大，增加我们体内的骨骼肌含量。随着年龄的增长，骨骼肌的流失会越来越严重，而缺少了骨骼肌的支撑会带来一

---

[1] 美国国家运动医学学会等。（2019）NASM-CPT美国国家运动医学学会私人教练认证指南（第六版）。中国工信出版集团，人民邮电出版社。

系列健康隐患——适当的抗阻训练则可以有效改善这个问题。

刚刚开始训练，你可能会觉得有点无从下手——我个人的建议是先从心肺训练和核心训练开始。我在健身房最喜欢的三种团课项目分别是有氧负重抗阻训练（如莱美bodypump）、自重核心和平衡性训练（如TRX）、有氧耐力心肺挑战（如战绳）。总体来说，肌耐力和力量、心肺功能、核心和平衡性得到提升之后，无论锻炼的形式有多么千变万化，都可以很快适应，运动表现也绝不会差。这些项目相对难度低一些，只要循序渐进很少会造成损伤，也不需要私教的全程指导和保护。如果你是舞蹈或拳击爱好者，也可以选择其他的舞蹈或武术团课项目，同样是非常有效的中高强度有氧训练。

锻炼身体为我们提供了直接感知和控制身体的机会，这是我们在日常生活中往往会忽略的。也许刚开始，你是为了改善一些身体状况而开始运动/健身，这种动机能够帮助我们克服想要休息的本能；但当你不断坚持下去，你就会开始享受到控制身体的乐趣。对我来说，负重弓步蹲时感受到颤抖的臀大肌、二头弯举时感受到快要爆炸的肱二头肌，在肌肉酸痛和力竭感交织下大脑源源不断产生的快乐小分子"内啡肽"和内源性大麻素，在挥汗如雨的动作中倾听着组成身体的每块肌肉的呐喊，在每一次深呼吸中聆听心脏奏出的强音，看着镜子里自己强壮有力的身体不断挑战力量和速度的极限——我想不出还有什么时刻能比此时更快乐。生命的力量，身体的力量，活着的力量,我们并不需要别人给我们灌什么心灵鸡汤,也不需要有人仿佛洗脑一样在我们耳边吟唱"要积极不要消极"。我们的身体本身,就是最积极的存在。

这也是为什么控制生活、控制情绪,都需要先从了解身体、控制身体开始。因为身体看得见、摸得着,它就是你,是你最可靠的坚强后盾,是你永远都可以无条件信任的盟友。你更了解它,它就能更好的帮助你。强壮的心灵,需要强壮的身体;心灵要获得滋养,身体更需要好好照顾。

~~~~~~~~~~~~~~~~~~~~~~~~~~~~~

终于码字结束,我揉了揉僵硬的肩颈,拿出逗猫棒,开始给家里的四只猫咪增添一些运动量。

小黑和小八都很投入地追逐着逗猫棒在空中挥舞的轨迹,一向高冷的娜娜在高处冷眼旁观。蒂凡尼此时却毫无兴致,只顾着在猫爬架上磨爪子,一边磨一边说:"你居然忍了这么久才开始讲锻炼身体,我也是挺佩服的。"

"我确实是很想整本书都讨论如何运动减压的,毕竟这对我来说是最有效的减压方法了。"我笑着回答,一边继续挥动逗猫棒,一边拉伸着腰和腿,"不过对很多没有运动习惯的人来说,运动毕竟属于是'无中生有';而吃饭和睡眠却对我们所有人来说都再熟悉不过了,所以还是从改善已经有的习惯开始可行一些;尤其是饮食,每天至少会有两次以上可以改善的机会,让自己的饮食结构逐渐变得健康。反过来说,如果我们的饮食习惯不健康,尤其是像我这样本来就有慢性病家族史的风险人群,如果我还不注意饮食,那也就是每天有至少两次以上让我的患病风险加重的机会。"

"这倒也是。就好比如果你不给我们买质量好的猫粮,那每次吃饭都是在害我们。"蒂凡尼磨好爪子,开始加入抢逗猫棒的行列。

"天地良心,我的工资可全都用来给你们买好猫粮了,要不然能把你们一个个吃得这么圆滚滚的。"我哭笑不得。

"不过,促使我这样关注身体自我关怀的契机还是我的父亲。"我叹了一口气,虽然已经过去两年了,想到父亲我的内心还是会隐隐作痛,"父亲在生命弥留的时候一直对我说,他对自己十分愧疚,他认为都是年轻的时候没有照顾好自己的身体,太拼命工作,把身体累垮了,所以才会在还没有退休的时候就被诊断出多种慢性疾病,每个月都要吃很多药;

在癌症治疗的过程中，这些长久的健康问题也给治疗带来了很多困难。虽然我一直非常努力地运用我所学的心理学知识来帮助父亲缓解情绪压力，但在面对死亡这个终极的压力面前，一切努力都显得是那么杯水车薪。"

"我也很后悔，如果我能够尽早开始花时间学习和实践健康心理学，我是不是就能够更好地帮助我的家人。当然，我也并没有那么自命不凡，毕竟生活习惯对健康的影响是长期的，单靠改变生活习惯也不可能治愈慢性疾病，只能减缓病情发展；更何况决定疾病的关键因素还是遗传。但至少，如果我的父亲能够早点成为健康生活习惯的践行者，在他生命的最后几个月，也不会这样内心时常笼罩在强烈的内疚和自责阴影中。"

"我已经帮不了我的父亲了，但是至少，我还有机会帮助我自己，或者帮助到看我这本书的读者们。"说完这些，仿佛内心的一块大石头落了地，我感到一阵轻松，但内心也充满了悲恸。

仿佛是感受到了我的情绪，蒂凡尼跳进我怀里，用小脑袋蹭着我的手；小黑跳下猫爬架，用脑袋亲昵地蹭着我的小腿；小八则睁大了圆眼睛一脸担忧地望着我，

"别难过，你做得很好。"蒂凡尼对我轻声说。

第四部分
管理情绪的简单法则

"小八！！！！"我的怒吼响彻云霄。放在阳台上的猫粮，原本以为外头包裹着一层厚厚的塑料袋很安全，不料某天突然发现外面的塑料袋和里头的猫粮袋子都被啃得千疮百孔。我猛然想起来小八从小就喜欢啃塑料袋，一定是她干的！

但是看到小八那无辜的眼神和粉红色的小鼻子，我的怒气全消了。算了，谁让我太懒，没有把猫粮放进柜子里呢。小八这么可爱，怎么会犯错呢？

"你还真是个猫痴。"蹲在猫爬架顶上目睹了一切的蒂凡尼嗤笑了我一声。

"你应该夸我情绪管理能力强才对。"我伸手轻轻刮了蒂凡尼的小鼻子一下。

"好好好,你的情绪管理能力很强,接下来你是不是该回答有关情绪管理的问题了?"

"是的,你记得没错。不过这部分我不打算像前面一样,讲述过多的理论和研究的东西——毕竟有关情绪管理的书籍已经太多了。我只想简单谈一下我对情绪的看法,再分享一些我认为十分有效的情绪管理方法。"我点点头,问蒂凡尼,"说起来,你觉不觉得很奇怪,明明情绪对我们来说是如此重要的能力,现代社会的人却好像越来越不喜欢它了?"

"怎么说?"

"我们不是经常听到有些人被批评'太情绪化'了吗?"

"确实。"蒂凡尼点点头,"但是有些时候,情绪流露的人又会被夸奖是'真性情'。你们人类真的好双标。"

"这可能充分体现了人类的矛盾心情——我们需要情绪,但我们又害怕自己驾驭不了情绪。这种害怕本身也是情绪赋予我们的。"我若有所思。

"还是双标。你们人类一直标榜我们人工智能超越不了你们,是因为我们没有情绪和情感能力。但是你们人类自己又不喜欢情绪,于是又花大价钱去学习什么情绪调节、情绪管理、情绪控制的课程。"

"倒也不是不喜欢。情绪作为我们与生俱来的一种本能,原本在残酷的大自然中是能够有效保护我们的。比如恐惧让我们远离危险,快乐让我们保持和建立与他人的关系纽带,它们提供了我们行为的原初动机。但是,就像我们在前面反复提到的,我们的社会和文明进步太快了,情绪的适应能力受到了环境变化的挑战,而压力也会改变情绪的适应性,让我们的情绪失控。失控的情绪,例如前面提到的恐惧和焦虑,就可能发展成为情绪障碍。"

我把蒂凡尼抱在怀里,轻轻挠了挠她的耳朵背面,然后继续说:"接下来,我们就简单聊聊为什么情绪会在压力下失控,以及我认为的最简单的情绪管理原则,也就是识别-感知和接纳-释放-转化四步原则,还有情绪丰富和敏感为什么不是问题和为什么我们并不需要都成为情绪管理大师。"

·压力下为什么很难控制情绪?

情绪是我们与生俱来的能力,它让我们的人生充满了'色彩'和'滋味';它为我们提供了行为的动机和人与人之间交往的契机，提供了不需要语言也可以相互理解的"超能力"。情绪在我们的日常生活中扮演着重要的角色，让我们享受着它带给我们的快乐和喜悦（瞧，这些都是情绪），但我们也会在它'失控'时对它感到厌恶和恐惧（瞧，这些也是情绪）。事实上，情绪并不仅仅是一种主观的心理状态，不同的情绪还会伴随着独特的行为和无意识的生理变化；我们对环境的评估和解释也会影响到相应的情绪反应。例如，当我们感到愤怒时，我们会表现出心跳加速、脸红、呼吸急促等生理反应，也会表现出肌肉紧张、握拳、眼睛瞪大等行为反应，我们的大脑也会迅速评估环境，将愤怒归因为某个特定对象做了什么事情或说了什么话威胁到了我们。这些几乎都是同时发生的，大部分反应都是自发和无意识的，也就是说，当我们真正意识到自己身上发生了什么变化，情绪反应已经发生很久了。这也是为什么情绪很难控制，因为很多情绪反应会先于我们的意识而被触发，通常我们无法控制情绪的发生，但我们可以对已经发生的情绪进行修饰和调节。

在《压力心理学》这本书里，我详细介绍过当人们处于急性压力影响下，大脑中控制情绪的区域会被短暂抑制，所以人们更容易被情绪带着走，需要付出更多主动努力来获得对情绪的控制权；而在慢性压力影响下，我们大脑中控制情绪的脑区的神经元甚至会出现退化，和情绪反应有关的脑区的神经元却会变得更加发达。这些神经机制决定了压力下我们的基本情绪反应是会大量增幅的，而要对它们进行修饰和调节也变得更加艰难。

情绪调节（emotion regulation）是一种重要的情绪管理能力，是我们对情绪反应的检测、评估和修改的过程，特别是修改情绪的强度和持续时间；通过有效的情绪调节，我们可以更好地控制情绪反应，以保证情绪不会干扰到我们的目标，甚至可以促进我们更好得完成目标[1]。因此，情绪调节能力反映了我们控制情绪的能力。不过，因为情绪的复杂性，情绪调节的范围也十分宽泛。例如，生理层面的情绪调节包括对呼吸频率、躯体唤醒程度的调节，行为层面的情绪调节包括各种应对反应（如哭泣、尖叫、退缩、压抑等）的调节，社会层面的情绪调节包括寻求他人帮助、调节他人的情绪反应以减低自己的情绪反应等。最后，情绪也可以通过一系列无意识或有意识的认知过程来进行调节，例如选择性注意、责备他人、抑郁性沉思（反刍）等。这些认知过程决定了情绪调节不一定总是成功的，有时候它也可能让情况"恶化"。

加内夫斯基（N Garnefski）等人[2]总结了人们在面对消极事件时经常使用的9种不同的认知情绪调节策略。自责（self-blame）是指将所有经历的事情都归罪于自己，这会导致自我

---

[1] Thompson (1991) Emotional regulation and emotional development. Educational Psychology Review, 3: 269-307

[2] Garnefski, et al. (2001) Negative life events, cognitive emotion regulation and emotional problems. Personality and Individual Differences. 30(8): 1311-1327

厌弃、自卑和抑郁；责备他人（other-blame）则反过来，认为一切都是别人的错，将他人当做情绪发泄的出口。冗思（rumination）是指专注思考与消极事件相关的感想和想法，当回忆过去时，人们表现出更高的对消极事件的回忆偏好，从而使得自己的情绪更加消极；灾难化（catastrophizing）是指过分强调和夸大一段经历中的消极因素，使得它仿佛是一场灾难一样。这四种情绪调节策略是非适应性的，通常会带来更多的消极后果。

另外5种情绪调节策略通常被认为是适应性的，但在某些情况下也可能造成非适应性的结果。接受（Acceptance）是指接纳所经历的事情并对所发生的事情表示认命的想法。换角度思考（putting into perspective）是淡化事件的严重性或将消极事件与其他事件对比，从中寻找积极的成分。积极重新关注（positive focusing）是指思考快乐和愉悦的事情，而不去思考威胁和压力事件，例如通过玩游戏或者消费来逃避压力事件（短期内有效，但长期会导致不适应）；积极重评（positive appraisal）是指在个人成长方面对消极事件赋予积极意义，例如"吃一堑，长一智"。最后，重新关注计划（refocus on planning）是指思考采取什么步骤（计划）以及如何处理消极事件（行为应对），从认知和行动上努力解决问题。

当人们经历压力事件时，很可能采取更多非适应性的情绪调节策略。例如，更容易表现出愤怒情绪倾向的人常用灾难化的情绪调节策略,而更难抑制愤怒情绪的人则更多使用责备他人、冗思和接受的情绪调节策略,且更少使用积极重评[1]。这些情绪调节策略倾向会使得人们表现出更多的愤怒和攻击行为,恶化人际关系,导致人们更加难以适应环境和应对压力。使用更多的自责、责备他人、冗思、灾难化和更少的积极重评的情绪调节策略的人也有着更高的压力感、抑郁和焦虑情绪,说明这些情绪调节策略或倾向会加重压力的消极影响。

这些研究结果也反过来说明,我们可以在平时就锻炼自己尽量多使用适应性的情绪调节策略,尤其是积极重评和重新关注计划,尽量减少非适应性的情绪调节策略,通过这种防患于未然的主动调整,当压力降临的时候,我们才能够更好地调整和控制我们的情绪。由于这些情绪调节策略往往都和我们的想法和信念有关系,我们也可以通过主动检查,识别那些可能加剧我们情绪负担的常见想法,用更有适应性的想法来替代它们。

小练习 >>>

回想一下今天或近期是否经历过让自己十分困扰的压力事件,例如和家人或朋友吵架等,回忆在经历这件事的过程中或事件结束后,自己有哪些想法或做法符合各种不同的情绪调节

---

[1] Ryan, et al. (2005) Cognitive emotion regulation in the prediction of depression, anxiety, stress, and anger. 39(7): 1249−1260

策略，写下这些想法或做法（没有则不用写）。

（1）自责：例如"我觉得我需要对发生的事情负全责"，"我觉得一切都怪我""我被自己在这件事中所犯的错误所困扰"。

分析：自责原本是为了让我们找到自己的性格或能力上可以改进的地方，然后积极让自己变得更加成熟。但如果一味沉浸在自责中，我们只能被消极情绪所淹没，变得自我憎恨和嫌弃。可以换成"下次我可以试着在说话之前，让自己先冷静一秒。"

（2）他责：例如"我觉得其他人需要对发生的事情负全责""我觉得一切都怪其他人""我总是在思考他人在这件事中所犯的错误"。

分析：责备他人可以避免对自己的伤害和愤怒，但会把愤怒的矛头指向他人，甚至是对自己来说很重要的人。同样，责备他人的目的也是为了找到问题所在，积极解决问题，而不是一味地对他人表示愤怒。可以换成"错误确实不在我，但是和这个人吵架似乎也不能让他意识到自己的错误，或许我应该尝试其他客观中立一些的方法"。

（3）沉思：例如"我总是在思考自己对所经历的事情有何感受""我深陷在所经历事件的想法和感受中""我想要理解为

什么我在所经历事件中会有那样的想法和做法""我摆脱不了那些事件所引发的情绪"。

分析:在经历过事件之后,我们都会有复盘的倾向,这原本是为了让我们总结经验,吸取教训,避免今后再犯同样的错误。但是沉思会让我们过度关注事件中的情绪,让那些本已经消失的消极情绪不断再回到我们的脑海中,让我们不断重新经历那些消极的瞬间。消极情绪仿佛是一个吞噬一切的黑洞,当我们不断重温那些情绪时,被吞噬的正是当下的宝贵时间。我们可以尝试用"积极重新关注"的想法来使自己远离那个黑洞。例如,想一些愉快的经历,想一些将来可能发生的好事而不是已经发生的事,回忆一些刚看过的电影电视里美好快乐的情节等。

(4)灾难化:例如"我经常认为自己的经历要比他人更糟糕""我不停地思考自己的经历有多么可怕""我经常觉得自己所经历的是能发生在一个人身上的最糟糕的情况""我不停地想着已经发生的事情有多么可怕"。

分析:我们总是会觉得自己经历过的事情是一种灾难,反刍所带来的消极情绪更是会加剧这种感受。相对应的,我们可以尝试使用"换角度思考"的方式来替换灾难化的思考方式,例如"它本来可能会更糟""其他人可能会有更糟糕的经

历""我想这件事和其他事情相比，还不算是最糟糕的""生活中还有更糟糕的事情，所幸我并没有遇到"。

当然，尽量减少这些自责、责备他人、冗思和灾难化的想法，并不是让我们都自欺欺人，拒绝承担责任和找出问题所在，拒绝反思。但要注意，承担责任、正视问题、积极反思和解决问题，这些的前提都是要我们不被消极情绪所左右，能够冷静、客观地对待问题。这些情绪调节策略的不适应性原因正是它们使得我们沉浸在消极情绪中，没办法腾出手脚和理智来分析问题。当我们尽量减少这些不适应的情绪调节策略，我们就可以更好地接受事实和现状，对事件进行积极重评，并关注计划——这些情绪调节策略才是真正能够让我们成长和成熟的关键。

· 如何通过正念感知我们的情绪？

虽然我们在上一个问题中练习了识别和替代情绪调节策略的方法，但要真正做到使用适应性的情绪调节策略，我们还是需要对我们的情绪进行主动控制。正念（mindfulness）和冥想（meditation）为我们提供了一些系统性的可供每日习练的技巧，能够帮助我们重新获得对我们的想法、思维、情绪、身体的控制权——事实上，正念和冥想的原则正是"不要控制"。

它们通过觉察的方法，加强我们对于自身的感知，并且给我们提供退后一步的空间，让我们可以以一种更加解离和安全的方式来看待当下，感知情绪和思维，同时不会受其所控。

有关正念和冥想的练习，市面上已经有很多书籍，网上也可以找到很多免费的练习视频或音频可以跟练。我个人认为，如果你时常被情绪困扰，而又不知道该怎么摆脱这些困扰，正念很可能是一种最简单易行且经济的技巧和方法，非常建议进行长期规律的练习。但你也可能会有点困惑，因为搜索正念的视频或音频，可能会出现成百上千的搜索结果，到底哪个更适合自己呢？

我们不妨先从最简单的开始。最基础的正念呼吸练习，我们自己就可以做。

2分钟正念呼吸练习

用手机定时2分钟，然后以舒适放松的姿势坐着，闭上双眼，开始感受自己的呼吸。尽可能悠长、缓慢地进行深呼吸，深深地吸气，感受空气从鼻腔进入喉咙，进入胸腔，进入腹腔，感受腹腔的膨胀；然后悠长、缓慢地呼气，然后腹腔压缩收紧，空气从腹腔回到胸腔，通过喉咙进入鼻腔，然后离开你的身体。深呼吸可以激活我们的副交感神经系统，让我们的身体进一步放松，而涌入身体的大量新鲜空气也可以让我们的身体逐渐"冷却"下来。将注意力集中在呼吸中，也可以转移我们的注意力从内在想法/外部环境到一种中立客观而积极的存在——呼吸。呼吸代表着生命，是我们能够直接感受到的生命的韵律。

如果在呼吸过程中，你感觉到自己的呼吸有些局促，可以通过数数的方法来尽量延长呼吸时间。这对于先天心肺功能不佳或血压较高的人非常有用；拿我自己为例，我曾经非常容易感到胸闷气短，尤其当环境气压比较大（如夏天暴雨前）的时候，我即使在深呼吸的时候也会比较局促。但通过瑜伽的习练，我会在呼吸练习中使用数字来主动控制呼吸节奏，例如第一个深呼吸，吸气数3下，呼气数3下；第二个深呼吸，吸气数4下，呼气数4下；依次类推，直到数到7或者8。过程中尽量不要憋气，而是控制呼吸的幅度，例如数字越大，越放松和轻柔呼吸。

呼吸练习为我们提供了最简单实用的小技巧，当我们在不经意间被各种令人心烦的想法所占据头脑时，当我们意识到自己正在被逐渐拖拽进消极情绪的泥潭，我们可以迅速用正念呼吸为我们获得一些时间。当然，在我们把注意力集中在呼吸上的时候，那些消极的念头依然在我们脑海中盘旋。很有可能，当我们结束练习，它们又开始耀武扬威。

这时候，我们可以尝试使用正念暂停冥想[1]。

---

[1] 阿利迪纳. 正念减压. 通往健康快乐的八周之旅. 北京：中国青年出版社，2021.

3分钟正念暂停冥想

正念暂停冥想可以帮助我们暂时关闭大脑的默认反应模式——例如总是会消极地看待问题，总是会有较多的反刍和灾难化想法。主动关闭大脑的自动导航，以"退一步海阔天空"的方式，对我们的想法、压力感受、身体感觉、情绪更有觉知，从而更客观应对。

正念暂停的第一步，是觉察我们的身体。感受身体中是否有哪个部位比较紧绷，哪一个部位比较放松？我们的压力感受也很可能体现在我们的身体上。当我们伏案久坐的时候，我们的肩颈往往会变得比较僵硬。当我们感受到有很大压力的时候，我们的肩背也仿佛承受了无形的重担。我们的身体才是压力最敏感的探测器。留意我们身体的感受，它能够告诉我们，压力是否正在蚕食着我们的身心。但不要对你的感受进行任何的评价，不要去思考压力到底是什么，只是静静地感受我们的身体，觉察我们的身体。

接着感受你此刻的情绪。你现在有着怎样的感受呢？是轻微的喜悦？是略带疲惫？是有一丝的焦虑？是愤怒？还是沮丧呢？感受你的心情，并在脑海中默默的标记这个情绪，但是不要对它进行任何的评价。

现在把你的注意力回到你的脑海中。现在你的脑海中一定有很多的念头，它们挥动着无形的翅膀在你的头脑中不断地飞舞。不要去试图捕捉它们,想象你的头脑就像广阔的天空,而你念头就像在天空中飘浮的白云。你的念头居住在那些白云里,你看不见它们,但你可以看见那些白云在空中不断的飘浮、游走、消散和聚拢。

接下来用一分钟的时间进行一个短暂的呼吸训练,注意觉察你的呼吸。

最后尝试用呼吸连接你的身心。你已经观察了自己的身体感受、情绪感受、你的念头和你的呼吸,你现在是平静而安全的。现在让你的注意力全然敞开。如果可以的话,体会整个身体伴随着呼吸的变化和感受,尝试体会呼吸在你的身体上下流动,观察刚刚身体的那些紧绷和沉重感是否现在已经放松下来,你现在的身体是轻松和舒缓的。简单活动一下手指和脚趾,如果可以的话,伸一个大大的懒腰。给自己一个微笑,花几秒的时间感受一下这个微笑带给你脸颊的放松,感受你此刻内心的愉悦。然后结束这个练习。

先从2分钟的呼吸练习和3分钟的正念暂停练习开始做起,每次只需要5分钟的时间,每当被烦恼困扰的时候,就试着花5分钟的时间来感知我们的情绪,并试图在那些纷扰的琐念中为自己获得一些喘息的时间。当然,我们并不能指望这5分钟时间就能够解决所有问题,要想让正念真正帮助我们减压,我们也需要把正念的方法融入到我们的生活中去。当你发现在烦恼时使用这种5分钟的正念方法减压确实有一定效果，也可以坚持时，可以再去系统性地练习更多正念的方法。在这里我推荐乔·卡巴-金[1]（Jon Kabat-Zinn）创立的正念减压（mindfulness-based stress reduction）系统，除了最基本的呼吸训练，还有身体扫描、山海冥想、仁慈冥想等多种方法，甚至在读书、饮食、行走等日常生活中，我们也随时都可以习练正念，增强我们对当下的觉知，打破消极思维和情绪对我们的垄断。当我们真正把正念融入生活中，它就会成为我们调节情绪的一种有力武器。

~~~~~~

"是吗，正念这么好，怎么没见你每天做啊？"蒂凡尼一脸狐疑。

"嘻嘻，因为我几乎每天都要健身一小时呀，定期还有额外一小时的瑜伽，觉知身体、控制身体和呼吸、感受和接纳情绪什么的，没有比健

---

1 卡巴-金.正念.此刻是一枝花.北京：机械工业出版社，2015.

身和瑜伽更有效的了。"我冲着蒂凡尼做了个鬼脸。

"不过现在健身对我来说已经成为和呼吸一样平常的日常了,我可以再进一步,给自己提出更高的要求,再额外通过更多的正念练习,更好地控制我的情绪。毕竟减压技巧多不压身嘛。"我一把把蒂凡尼揽到怀里,开始轻柔地抚摸她的长毛,"现在让我们来练习正念撸猫~"

· 有哪些方法可以帮助我们接纳情绪?

在提到心理韧性的时候我们讲过,承诺是心理韧性的一个重要组成部分。要对目标进行承诺,接纳现实和接纳自己是非常重要的前提。在解决人们日常心理和情绪痛苦和情绪相关的临床症状(例如抑郁症和焦虑症)方面,由亚伦·贝克(Aaron Beck)在1960年代创立的认知行为疗法(cognitive behavioral therapy,缩写为CBT)应用极其广泛。认知行为疗法旨在通过一系列干预措施,帮助人们学会和建立一系列行为、经验和认知技能,改变适应不良的认知,从而改善患者的情绪调节和目标设定,以及对环境和事件(尤其压力相关)做出更适应性评价和行动的能力[1]。很多临床心理学家对认知行为疗法进行了补充和修改,在此框架下也诞生了很多新的心理治

---

1 Hofmann, et al. (2010) The Empirical Status of the "New Wave" of Cognitive Behavioral Therapy. 33(3): 701-710.

疗分支流派，其中就包括史蒂文·海斯（Steven C. Hayes）所创立的接纳承诺疗法（acceptance and commitment therapy，简称为ACT）。接纳承诺疗法的主要目标是建立心理灵活性[1]；作为一个有意识的个体，心理灵活性能够帮助人们更充分地接触和接纳当下，并在某种行为有助于实现有价值的目的时，帮助人们坚持（该行为）或灵活改变（到该行为）。

接纳承诺疗法的核心理念和心理韧性的核心成分是一致的。虽然目前关于接纳承诺疗法和心理韧性的研究还比较少，确实有一些证据证明使用接纳承诺疗法能够有效缓解高压力人群的压力感。2011年的一项研究发现，接纳承诺疗法降低了42%的高压力水平的瑞典社会工作者的压力和倦怠水平[2]。2014年的一篇综述中总结了5篇接纳承诺疗法对肥胖症患者的心理干预疗效和7篇接纳承诺疗法对工作压力的心理干预疗效，结果都支持了接纳承诺疗法的有效性[3]。

接纳承诺疗法具有高度实践性，强调了东方文化中的正念与接纳概念，以及西方文化中的行为转变和承诺概念，在当

---

1 Hayes, et al. (2006) Acceptance and commitment therapy: model, processes and outcomes. Behaviour Research and Therapy, 44: 1−25.
2 Brinkborg, et al. (2011) Acceptance and commitment therapy for the treatment of stress among social workers: A randomized controlled trial. Behaviour Research and Therapy. 49(6−7): 389−398.
3 Öst (2014) The efficacy of Acceptance and Commitment Therapy: An updated systematic review and meta-analysis. Behaviour Research and Therapy. 61: 105−121.

今这个东西文化不断碰撞交流融合的时代也变得越来越流行[1]。当然，作为一种系统性的心理干预方法，接纳承诺疗法的理论体系和技巧方法是十分丰富的，要发挥效果并长久保持更需要专业人士的指导，就像是锻炼身体都需要专业的教练——尤其是对深受心理痛苦困扰的人群或心理障碍人群。不过，如果你的情绪问题还没有那么严重，只是希望学会一些有用的技巧来帮助自己应对未来可能发生的压力事件，我这里也介绍了几种接纳承诺疗法的小技巧[2]，我觉得它们相对比较有趣，也能够纳入日常生活中，可以帮助我们更好地面对和接纳自己的消极情绪。需要说明的是，这些完整的技巧练习涉及认知、情绪、思维、自我的多方面，此处我只选择了其中跟情绪有关的内容（并进行了相应简化和针对压力反应的分析），仅做体验之用。

技巧一：不要控制！不要控制！不要控制！

你可能会觉得很困惑，为什么接纳情绪的第一步居然是不要控制情绪？说好的情绪管理呢？说好的情绪调节呢？如果不去控制情绪，如何进行管理和调节呢？

海斯认为，那些我们最迫切想要去控制的情绪，往往是能够带给我们巨大心理痛苦的环境或事件（压力源）所造成的情

---

1 海斯，等. 接纳承诺疗法. 重庆：重庆大学出版社，2020.
2 海斯，等. 跳出头脑. 融入生活：心理健康新概念ACT. 重庆：重庆大学出版社，2019.

绪。试图去控制这些情绪，仿佛是在和"一个又大又丑的怪物进行拔河比赛（不论你是在对抗抑郁、焦虑、身体上的痛苦、悲伤的记忆，还是其他什么不利的情境），看起来你不可能会赢。你越是用力，那怪物也就越使劲。……也许你的任务不是要赢取拔河比赛的胜利，而是要找到丢开绳子的办法。"

小练习>>>判断自己的控制是否有效

日期	痛苦	努力	总体成效

今天有没有需要记录下来的痛苦事件？_____

填写规则：

1）痛苦（1～100分，不痛苦—极度痛苦）：这一天感受到了多少心理上的痛苦？如果你的痛苦起源于某个具体的问题，比如焦虑或是抑郁，也写下来。

2）努力（1～100分，无需努力—付出巨大努力）：自己需要花多大的努力才能控制住这一天感受到的痛苦。

3）总体成效（1～100分，十分不满意—十分满意）：你觉得这一天过的怎么样？

分析：控制是我们的本能，越是需要忘记的东西，我们记得反而越清楚。不去控制并不花费力气，但是却很难做到。而尝试去控制那些汹涌澎湃的情绪却会令我们更加沮丧。越是痛苦的情绪，我们可能越难以控制，所以我们可能更需要"以不变应万变"。

技巧二：抽丝剥茧，分解和剖析我们的思维

很多时候，我们的苦恼来源于我们自身的想法。例如，焦虑，我们会没来由地感到焦虑，往往是源于对未来的担忧，例如一张没有按时缴纳的账单，一个截止期临近的工作，一份充满了不确定性的感情。当我们开始担忧时，我们的思维往往会像是脱缰的野马，在我们的大脑中肆意奔腾，那沉重的马蹄和飞扬的沙尘会让我们感到无比沉重，大脑也不得不承受由此带来的心理痛苦。海斯提供了一种称为"思维列车"的方法，帮助我们在我们的内心世界里，使用不带任何批判性的态度，不纠缠、不挣扎地审视我们自己的想法。

小练习>>>观察思维列车

假设你现在正站在铁路桥上凝视着一个三轨道的铁路，每一个轨道上都有一列缓缓移动的火车，每列火车都是由一串装着矿石的小车厢组成。

左边的列车上装载的矿石是你现在正关注的事情，由感觉、感知和情绪组成，包括你听到的声音、感觉到出汗的手掌、急速的心跳、感受到的悲伤等。

中间的列车装载的是你的想法，你对环境的评估、你对事件走向的预测、你对自己的认识和评价。

右边的列车装载的则是你迫切想要去做的事情，你可能尽

力想要避免或是逃离某件事，或者尽量想要改变某件事。

也就是说，左边的列车代表"压力/情绪反应"，中间的列车代表"对压力/情绪的解读或评估"，右边的列车代表"行为冲动和应对策略"。

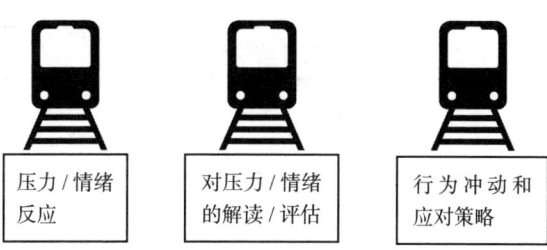

现在闭上眼睛，安静的想象脑海中这三列火车。你是否会突然发现自己正陷在某一辆列车上，随着列车摇摇晃晃的往前行，而你深陷其中无法自拔？你此刻正深陷在那些引起你生理不适的情绪反应中，还是在无法控制的对你的情绪进行解释和归因，亦或是纠结于该采取什么行动或抑制什么行动呢？

看看那些卡住你身体的矿石，上面写着什么？你可能会发现一块看起来有点像"自责"的巨石，提到你认为自己一文不值；你也可能会发现一块看起来有点像"灾难化"的矿石，写着你相信自己将来再也碰不到什么好事。

留意一下到底是哪些矿石让你不得不留在列车上，尝试轻轻地搬走它们，然后把意识回到刚才的铁路桥上，保持从上往下俯视这三列列车的状态。

或者你本来就在铁路桥上，并没有陷入到其中某辆列车上,那么就尽量保持俯瞰的状态,平静地观察这些列车。

当你结束了观察,请在下表中填出自己站在桥上观察这三列火车车厢时都发现了什么。

思维列车中的"矿石"		
现在的压力和情绪反应	想　法	行　动

分析:我们本能地畏惧情绪,是因为它会让我们失去对身体、想法、行动的控制,但对不同的人来说,情绪控制我们的方法却不尽相同。有的人痛苦于自己强烈的情绪反应本身,有的人在不断试图解释自己的情绪缘何而生中迷失自我,而有的人却苦于自己在情绪下的行为反应总是背离自己的期望。通过思维列车,我们可以更好地剖析究竟是情绪的哪些方面才是我们真正的"绊脚石"。很可能,在大多数情况下,你会发现真正束缚我们的往往不是情绪本身,而是我们给情绪附加的很多想法。

技巧三:安全'复盘'的方法

对于已经发生过的压力事件,我们总是会不由自主地在脑海中回忆它,但在回忆的过程中,总是会触发一些消极的情绪，反过来将我们此刻的情绪所代替。那么，有没有一些方法，可以让我们在回忆这些过去发生的事件时，尽可能避免情绪的影响呢？

小练习 >>> 穿越游戏

（海斯的书中命名为罐头怪物，我替换为在中文网络中更流行的穿越游戏，并对游戏规则进行了一些修改。）

在一个安静的地方，找一个舒适的坐姿坐下来，先花一分钟的时间进行呼吸练习，让自己尽可能地放松，并让自己专注。现在你可以开始回忆去年夏天发生的事情，脑海中不管出现什么都可以。回忆那是具体什么时间？当时在什么地方？都有些什么人？发生了什么事情？闭上眼睛，想象此刻的你突然穿越到了那时候的你自己身体里，开始用去年夏天的你自己的身体来观察、倾听当时的情景。当然你也可以闻到和触摸到一些事物。当时在这双眼睛背后的人就是此刻的你。虽然去年夏天之后又发生了许多事情，但是通过想象和回忆，此刻的你成为了"观察的自我"，并回到了一年前，开始重新观察和审视当时的事件。你虽然成功的"穿越"到了过去，进入了你自己的身体，但此刻你的身体里拥有两个灵魂——身为观察者的你不能做任何事情来对当时的事件产生影响，你只能感受和观看。因为历史是不可以改变的。

有意识地去感受你此刻的情绪，观察这些情绪都触发了什么样的反应。如果出现了好几种情绪，先挑一个出来关注，其他的情绪就像是白云一样，让它们暂时在空中飘浮着。关注这个具体的情绪，看看自己是不是可以选择靠近这个情绪，而不是逃避。看看自己此刻是否能感受这个特定的情绪。不要管你喜欢或不喜欢它，不要对它做出评价。只是安静地去感受它，观察它本来的面目，不要尝试去控制它。尽量不要让它蔓延到想法或是行为倾向等其他领域（还记得那三辆列车吗？）尝试用一分钟的时间来和这个情绪共处，你知道你可以不受到它的影响，因为此刻这个情绪正在和你身体里的另一个你（也就是当时的你）相互纠缠，你完全可以以旁观者的身份近距离和它待在一起，感受它、观察它、体验它。直到你感觉自己对它的心态更开放了一点、对它更了解了一点、对自己面对它的反应更熟悉了一点。

接着再花一分钟的时间去关注其他的情绪。你可以针对每一个不同的情绪多次重复上面的过程，看看自己是不是能放开和这个情绪抗争的感觉，是不是不再觉得和它是敌人？每当出现一种情绪，对其表示欢迎，对它表示认可，你已经在一年前和它们认识过了，现在它们都是你的"老熟人"。你可以在一张白纸上写下这些情绪的名称，每次写下一个名字，当你感觉到已经可以对这个情绪"放开绳子"（感到自己不再挣扎着想要逃离它或要控制它），再进入下一个情绪。

当你结束了所有的观察，和所有当时的情绪"握手言和"

之后,你的"穿越"机会也就用尽,伴随着一个深呼吸,你又瞬间回到了当下。

分析:我认为穿越游戏(即罐头怪物)提供了一种非常安全的技巧,让我们以一种更加解离的方式来对过去的事件进行回忆和"复盘"。尤其是,当我们尝试把过去的记忆带到此刻,我们很可能无法避免由此触发的情绪对此刻的影响。但如果我们尝试(在想象中)回到过去,我们就可以以一种"游客"的身份来再次体验和观察当时的场景,并且在结束想象后把那些记忆中的情绪和感受留在过去。当然,你很可能会有后悔和懊恼,会希望当时的自己能够做得更好,这些情绪也很可能会一并带回来。完整的罐头怪物练习其实还包括了身体感觉、行为倾向、想法和记忆体验,但练习时间就比较长,也相对复杂,所以这里就不赘述了。如果感兴趣的话,还是建议去细读接纳与承诺疗法的专业书籍。

当然,接纳情绪只是庞大的接纳承诺疗法体系中的一个方面,它的核心目标是通过多种认知和行为训练,帮助人们接受无法改变的个人经历,并最终做出承诺,采取行动。如果我们投身到有意义的生活和自我满足的实现当中,不去关注自己受到的压力,压力很可能会自动减轻。

就像海斯所说,"人生就是选择。不是要不要拥有痛苦,而是要不要拥有有价值的、有意义的人生。你已经受够了。跳出头脑,融入生活吧。我们支持你。"

~~~~~~~~~~~~~~~~~~~~~~~~~~~~~~~~~~

"蒂凡尼,为什么在我讲穿越游戏的时候,你这么安静呀?"我打趣着怀里的蒂凡尼,她似乎有点在回避我的眼神,是我的错觉吗?

"我需要说什么吗?"蒂凡尼竖起了"飞机耳",我知道,这是她进入戒备的状态。这家伙,果然有事情瞒着我!

"我就说你的身体这么像真的猫咪,会不会你本来就是真正的猫咪,只是被从30世纪穿越来的人工智能猫咪当成了宿主啊?"我翻弄着蒂凡尼后颈上的毛,尝试寻找类似脑机接口之类的东西。

"我不知道你在说什么。但我觉得你以后应该少看一些穿越网文。"蒂凡尼被我翻弄得不耐烦了,扭头就想要咬我,我赶紧缩回手去。

· 如何在独自面对压力时减少情绪痛苦?

在经历急性压力的过程中,社会支持提供了最常见也最有效的心理缓冲作用，能够有效降低压力反应和感受[1]。但是在现实生活中，我们往往需要独自面对挑战和困难，很难及时有效地寻找到社会支持，这时自我关怀能够给我们提供额外的心理支持。自我关怀是指我们在感知到失败、不足或个人痛苦时，以关心和支持的方式与自己联系和相处。在之前的"如何积极/中立地看待我们的身体？"这个问题里，我们短暂提到了自我关怀的概念。目前比较流行的是来自于克里斯汀·内夫（Kristin Neff）和克里斯托弗·杰默（Christopher Germer）在2010年创立的静观自我关怀[2]（Mindful Self-compassion），是一个基于正念的自我关怀训练项目。

内夫认为自我关怀涉及我们在痛苦时所需要的三个核心元素[3]：善待自我（self-kindness）、共通人性（common humanity）和静观当下（mindfulness）。这些元素结合起来并相互作用，在遇到个人错误、感知到的不足或各种生活困难的经历时，形成一种自我关怀的心态。形成自我关怀心态的人会对自己充满爱心、温柔和理解，包括在与心理痛苦挣扎的时候积极抚慰自己。这种反应与自我批评的方法形成对比——人们往往会评判

---

[1] Heinrichs, et al., (2003) Social support and oxytocin interact to suppress cortisol and subjective responses to psychosocial stress. Biological Psychiatry, 54(12): p. 1389–1398.
[2] Neff, et al. (2013). A pilot study and randomized controlled trial of the mindful self-compassion program. Journal of Clinical Psychology, 69(1), 28–44.
[3] 内夫，等。(2020) 静观自我关怀：勇敢爱自己的51项练习。机械工业出版社。

或指责自己不够好，或不能很好地应对生活挑战。自我关怀根据人类的共同经历来看待自己的不完美经历，接受所有人都以某种形式挣扎的事实——在遭受损失或失败时，自我关怀不会感到与他人隔绝和孤立，而是促进一种深刻的归属感。最后，自我关怀需要对痛苦作出平衡的、有意识地反应，既不扼杀和回避，也不放大和反刍不舒服的情绪。

自我关怀特别针对提升逆境困境中的自我保护：当我们独自面对压力的威胁时，我们很容易将压力反应内化为自责（对应压力反应诱发的自我攻击性）、反刍（对应压力反应下的无所适从）、社会退缩（对应压力反应诱发的逃跑）。善待自我可以弱化这种自我攻击，在面临挑战时主动安抚和安慰自己，给予自己无条件的接纳；静观当下训练我们以清晰和平衡的方式来关注自己当下的体验，防止我们过度卷入或"过度认同"负面的想法和情绪，陷入反刍中；共通人性强调与他人的联结，人类痛苦的基本体验是一致的，防止社会退缩。

大量研究发现[1]，更多的自我关怀与更高的生活满意度、幸福感、智慧、乐观、感激、好奇心、创造力和积极情绪有关，也和更少的抑郁、焦虑和压力有关。

和自尊相比，自我关怀不是基于自我评价、社会比较或个

---

1 Neff, et al. (2020). Self-Compassion. In: Zeigler-Hill, V., Shackelford, T.K. (eds) Encyclopedia of Personality and Individual Differences. Springer, Cham.

人成功,而是源于面对生活中的失望时,人类共有的仁慈和理解的感觉。因此,自我关怀不需要感到"高于平均水平"或优于他人,并在面对个人不足时提供情绪稳定,能够帮助人们构建更健康的自我关系水平,也不用担忧会受到威胁。

自我关怀的提升也会带来更多改变自己的动机,帮助人们更努力地学习,修复过去的伤害,并避免重复过去的错误——它可能比严厉的批评更有激励效果。例如,自我关怀与必要时寻求医疗、定期锻炼以及减少吸烟和饮酒等行为有关。自我关怀水平较高的人在暴露于社会压力源时表现出更好的免疫功能、交感神经和副交感神经反应,因此它和急性压力反应水平降低、压力下选择更积极的应对策略有关。

有意思的是,自我关怀水平较高的女性,会表现出更低的身体不满意、身体羞耻感,更少的体重担忧、身体比较、自我物化和自我贬低,因此它能够帮助我们形成更健康的身体意象。自我关怀也和健康的人际关系有密切关联:自我关怀程度高的人在伴侣眼中被认为有着更多的情感连接、接受和自主支持,同时较少疏离、控制和言语攻击性,这些对于亲密关系的健康发展都是非常重要的。

虽然大多数人对他人的关怀要比对自己的关怀更多,但对于不得不照料他人的人群(例如社会工作者、护士和照料者),自我关怀似乎是他/她们的一项重要资产,因为它维持并扩大了为他人服务的能力。因此,给予自己关怀也可以提供照顾他人所需的情感资源。

说了这么多,到底什么是自我关怀?内夫提出,你如何对待一个深陷困境的朋友,就如何对待自己,这就是自我关怀的内涵。自我关怀就是在我们最需要帮助的时候,学着做自己的好朋友——做自己的盟友而不是敌人。善待自我,而不是自我批评。当然,自我批评能够帮助我们反省和总结——但不该是在我们身处逆境的时候。

通过"自我关怀量表"[1]中定义的一些具体情境,我们可以大致了解一下哪些态度和做法是自我关怀,哪些是自我批评。

自我关怀	自我批评
我试着用理解与耐心的态度来对待那些我不喜欢的性格; 每当令人痛苦的事情发生时,我会试着用更全面的视角来看待当下的情境; 我试着将失败看做人人都会遇到的事; 当我遭遇艰难困苦时,我会给予自己需要的关爱和温柔; 每当我遇到烦心的事时,我会努力让自己保持平衡的心态; 如果我觉得自己在某个方面不够好,我会试着提醒自己,大多数人都会有这种感觉。	当我在重要的事情上失败时,往往会沉浸在自己不够好的感觉里; 每当我情绪低落时,总觉得大多数人可能都比我幸福; 当我在重要的事情上失败时,往往觉得自己是唯一一个失败的人; 每当我情绪低落时,总会纠结于所有不对劲的事情; 我对自己的缺陷和不足总是加以批判,持否定态度; 对于我性格里那些自己不喜欢的部分,我缺乏宽容与耐心。

[1] Pommier, et al. (2020). The development and validation of theCompassion Scale. Assessment, 27(1), 21-39.

如果我们想要成为自己的坚实盟友，在面对压力时更应该尽量避免自我批评，尽量实现自我关怀。实践自我关怀的方法很多，内夫提供了很多包括书写、正念冥想、放松触摸在内的多种形式的练习技巧。这些方法可以大致归纳为两类，和中国文化中的阴与阳完美契合。自我关怀的"阴"包括怀着关怀之心与自己在一起的特质，例如为我们的情感需求提供安慰和支持，帮助我们的身体感到更加平静和舒适的安抚，帮助我们清晰地理解所经历的事情和认可自己的感受；自我关怀的"阳"则意味着采取行动，例如保护自己远离那些伤害我们的人或终止那些我们对自己造成的无意识伤害，知道自己有哪些需要、相信这些需要应当被满足并采取行动满足自己的需要，用善意支持和理解来激励我们实现短期的小目标、长期的梦想和志向。

小练习 >>> 日常生活中的自我关怀

让我们先从一个小练习开始。其实在日常生活中我们有很多可以进行自我关怀的方法，不妨让我们列一个清单，填写我们已经有的自我照顾的方式，再想一想还能不能增加一些新的方法？如果我们在日常生活中积累了足够多的有效的自我关怀的方法，那么在困境中，我们也能够主动使用它们来保护我们自己。

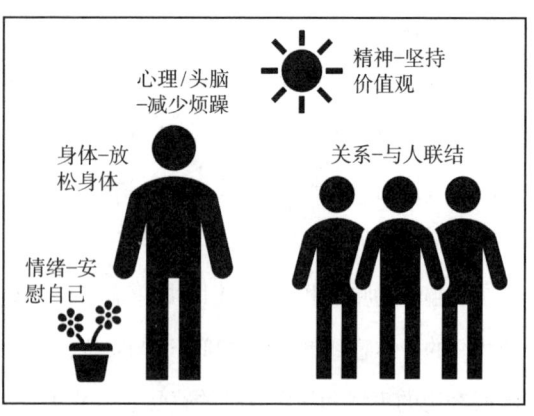

这个清单一共包含5类，我制作了一幅简图来帮助我们更形象地找到每一类方法。我也填入了一些我常用的方法，作为大家的参考。

（1）身体-放松身体：你一般会怎样照顾自己的身体？

<u>健身，瑜伽，按摩，泡澡，吃一顿可口饭菜，早睡/充足睡眠。</u>

你能想到释放体内累积的紧张与压力的新方法吗？

（2）心理/头脑-减少烦躁：在承受压力的情况下，你会怎样照顾自己的心灵？

<u>健身，瑜伽，冥想，听轻音乐，听颂钵音乐，看书。</u>

要让脑海中的想法不再给你带来困扰，你还能尝试哪些新方法？

（3）情绪-安慰自己：你会怎样照顾自己的情绪？

<u>健身，瑜伽，冥想，撸猫，外出散步，晒太阳，看书，看</u>

电影，看电视剧，玩游戏。

有没有你想尝试的新方法？

（4）关系-与人联结：你会用哪种方法、在何时与他人交往，并从他们那里获得真正的快乐？

和朋友约健身/交流健身心得，与家人/朋友约饭，送家人/朋友礼物，和朋友一起聊兴趣爱好，和家人/朋友约看展/音乐剧。

你还想用哪些方法来加深这些连接？

（5）精神-坚持你的价值观：你会怎样照顾自己的精神世界？

帮助他人、看书、书写、绘画，河边跑步/散步。

你还能想起哪些可以呵护自己精神世界的事情？

当然，完整的静观自我关怀训练包含了更多的技巧和实例，如果读到这里的你对此感兴趣，我强烈推荐大家跟着内夫的新书来学习和实践全部内容。以我自己的经历为例，从小到大我接受的教育都是要更加在乎别人的感受和想法，要关心别人，照顾别人，我也很感激这样的教育让我成为了一个充满共情和善心的人。但这也会让我在很多时候忘记了倾听自己的需求和感受。事实上，如果我们没有先照顾好自己，而是委屈了自己帮助了他人，这份善举反而会带来一些消极情绪——我们只会觉得自己是在牺牲自己成全他人。这份不完整的善意最终会带给所有人压力，而不是让助人者和被助者都感受到由衷的快乐。在一些家庭关系中，我们常常会听到为人父母者对孩子抱怨，自己为了孩子付出了多大的牺牲，而孩子却不领情。这些牺牲都是客观存在的，父母确实也为孩子做了很多事，但在逐渐长大的孩子看来，这只是父母没有能力照顾好自己的体现，现在却用来"道德绑架"自己。于是家庭纠纷就此产生。

未成年的时候，我们一直有父母和社会在照顾我们，自我关怀的需求似乎并没有那么迫切。但是我们终将成为独立的个体，即使有朋友、伴侣、家人，他/她们也不可能时时都响应我们的召唤，随时为我们提供帮助和支援。这时候去埋怨身边那些亲近的人是没有意义的，"求人不如求己"，明明自己才是那个可以随时陪在身边、随时伸出援手的人，我们却往往将这个忠实盟友抛之脑后。

所以，无论陷入如何痛苦的境地，记住，你从来都不孤独。你永远都不缺少关怀自己的动机和能力。自我关怀的技巧和方法虽多，也要记住，"最好的练习就是你最能坚持的练习"。让你最熟悉和最擅长的自我关怀方法成为和呼吸一样自然的存在，随时随地都能够温暖和友善的对待你自己，并在照顾好自己的前提下，去照顾他人，帮助他人，让身边重要的人同样也可以更好地关怀自己。也许你会发现，身边的压力事件逐渐就减少了呢。

"人类果然还是不如猫咪高等。你们还要自己学习自我关

怀,我们猫咪每天都要花三分之一的时间自我关怀。"蒂凡尼一边认真地舔着自己的毛,一边取笑我。刚刚的肉罐头应该是吃得心

满意足了,几只猫咪现在都忙着洗脸梳毛,从头舔到脚。尤其是小黑,已经舔脚舔到了忘我的境界。

"是是是,你们每天舔毛可认真了,从头到脚要舔好几个来回,还会互相舔毛,这一点我们确实比不上。"我表示赞同。

"知道就好,我来教你怎么舔毛啊。"蒂凡尼一脸坏笑。

"你明知道我们人类没有你们那么柔软的身体啊,学了也没用啊。我还是乖乖梳头、洗脸、洗澡、洗头、洗衣服吧。"我哭笑不得。

·如何释放我们的情绪?

2020年年末到2021年年初,我的内心时常被恐惧和愤怒所充盈。我恐惧着身患绝症的父亲被死神带走的时刻的临近;我恐惧着那个每天都会给我发早安的善良老人的微信突然成为死寂的未来;我愤怒着命运的不公,让一个无辜的人从一场死

亡宣判中劫后余生，却又眼睁睁地看着另一场死亡判决书的降临；我愤怒着现代医学的束手无策和医生的无计可施；我更对自己愤怒，为什么不能更早发现父亲的病情恶化，更早带他去就医。这些情绪还衍生了内疚、自责、悲伤、后悔等多种消极情绪，它们像一块又一块巨石，压得我无法呼吸。同时，因为长期睡眠不足和巨大的心理痛苦，我的身体健康也急转直下，在死亡的阴影笼罩下，我也不得不开始面对和思考自己的死亡。这种绝望感更加恶化了压在我身上的那些消极情绪，我不知道该如何和这些情绪和解，我也不知道该如何和面对死亡的终极恐惧和解。

同时，我也感到深深的挫败感。我拼尽全力帮助我的父亲——这个独自承受着难以想象的心理痛苦的人，本已经放弃了治疗的希望，只求在生命的最后时光里能够和家人在一起平静地迎接死亡，却因为每天的高烧和连止痛药都无法缓解的疼痛，不得不在医院里成天躺着，什么也做不了。我眼睁睁地看着他圆润的脸变得瘦削、形容枯槁，看着他眼中不断燃起微小的希望之火，却又在不断的病痛打击下悄然熄灭，最终双眼中再也泛不起任何色彩。我尝试了所有我能够找到的缓解心理痛苦的方法，我穷尽我所有的心理学知识，但我帮不了这个世界上最亲近的人。死亡的虚无静静嘲笑着我的所有努力，也嘲笑着人类的傲慢和渺小。每天从失眠的痛苦中疲惫睁开双眼，我都只能感受到冷彻骨髓的无力感。

为了自救,我开始学习欧文·亚隆(Irvin Yalom)的存在主义心理治疗[1]。死亡焦虑已经占据了我的内心,逃避已经不可能,那我只能去努力认识它、熟悉它、理解它。我很幸运,我自己从事心理学(尤其是心理痛苦)的研究,我也有亦同事亦友的朋友在我身边鼓励我,默默倾听,为我提供心理支持和实际帮助。在每一个夜不能寐的陪护夜晚,当我没办法集中注意力看书的时候,我就会在手机上打字,把我所有的情绪、痛苦和思想折磨都记录下来,让文字带走我的一部分重负——也仿佛这些文字,可以尽可能延长一段无法挽留的生命和记忆。能够对抗死亡焦虑的,唯有当下的活着的感觉。黑暗终将笼罩一切,但生命之火却是唯一能够驱散黑暗的武器,我们唯一能做的,只有不断向火堆里添加柴火,直到我们再也没有力气抬手的那一天。

那些不堪重负的情绪最终并没有彻底压垮我。时至今日,那些情绪的余波依然在我的内心和脑海中萦绕,甚至在我写下上面这些文字的时候,我依然能够感受到内心的刺痛。但当这些文字从我的脑海中流向电脑屏幕里,成为白纸上那一个个熟悉的字符时,我的内心开始趋于平静。我知道,它们已经是我生命中的一部分,成为了我活着的证明,每一次阵痛都只是在提醒我,我的生命之火依然在熊熊燃烧。我也很清楚,我已经

---

[1] 亚隆。(2015)存在主义心理治疗。商务印书馆。

不再畏惧它们,因为我知道如何释放我的恐惧和愤怒,并让它们转化成护卫我的力量。

在照顾父亲的那段时间,虽然睡眠不足令我疲惫不堪,我还是会在身体状况稍微好些的时候尽量抽时间走进健身房,在一个小时的高强度运动中放空我的大脑,专注于感受我的心跳和血脉贲张,在每一个跳跃、每一次砸绳、每一次咬牙切齿的负重推举中,将那些对于我自己、对于命运、对于这个世界的愤怒,尽情释放出去。很显然,愤怒的对象是没有形体的,我的对手是不可战胜的——但团课的好处是,我什么也不需要想,只需要关注全部的身体感觉,控制好我的肌肉和呼吸,在每一次击打和突破极限中,将那些因为愤怒和恐惧而激发的战斗欲望释放出去,让原本被情绪所触发的交感神经系统激活变成对运动过程的响应,并在运动结束之后自然而然地激活副交感神经系统,让我的身体放松和缓和下来。这是对我来说最好的情绪释放方法,正因为我年少就有一定的运动基础,并在2018年开始就逐渐培养起了定期去健身房的习惯,它才会对我有效。

事实上,运动有助于减压和情绪调节已经有大量研究证据证实。例如30分钟的有氧运动(如慢跑)可以有效减弱急性压力下强烈和持久的消极情绪[1];为期12周的慢跑训练有效改善

---

1 Bernstein, et al. (2016) Acute aerobic exercise helps overcome emotion regulation deficits. 31(4)

了8～12岁自闭症儿童的情绪调节能力，并减少了行为问题[1]；骑单车训练可以加速经历压力事件之后的情绪恢复，降低反刍和自我批评的情绪调节[2]；相对适中强度的90分钟快走和跑步有氧锻炼都能够让年轻的女耐力运动员在运动中和运动后获得情感上的益处[3]。因此，运动对我的情绪释放具有积极作用并不是特例。

为父亲办好身后事之后，我回到上海，继续尝试和内心的悲恸共存。玛格丽特·斯特罗布（Margaret Stroebe）和亨克·舒特（Henk Schut）在1999年提出了应对丧亲之痛的双重过程模型[4]：一个过程是损失导向（Loss-orientation），这是人们积极面对和处理丧亲的情感痛苦的过程，包括哀悼、回忆和参与纪念逝者的活动，人们专注于接受损失的现实，处理自己的情绪，并努力适应没有逝者的生活；一个过程是恢复导向（Restoration-oriented），这是人们尝试适应因损失而产生的社会变化的过程，包括重新组织角色和责任，发展新的

---

[1] Tse. (2020) Brief Report: Impact of a Physical Exercise Intervention on Emotion Regulation and Behavioral Functioning in Children with Autism Spectrum Disorder. Journal of Autism and Developmental Disorders. 50: 4191-4198

[2] Bernstein, et al. (2020) A Network Approach to Understanding the Emotion Regulation Benefits of Aerobic Exercise. Cogn Ther Res 44, 52-60

[3] Giles, et al. (2018) Endurance Exercise Enhances Emotional Valence and Emotion Regulation. Frontiers in Human Neuroscience. 12.

[4] Stroebe, et al. (1999) The dual process model of coping with bereavement: rationale and description. Death Stud. 23(3): 197-224.

关系,并适应环境的变化,人们着重于重建自己的日常生活和社会联系,并适应因失去亲人而导致的生活变化。戴维斯(C.G. Davis)等人提到在这两个过程中,意义寻求(meaning-making)对丧亲所带来的毁灭性心理痛苦有一定改善作用,而意义寻求包含两个部分:意义建构(Sense-making)和获益发现(benefit finding)[1]。意义建构需要从哲学或精神层面来构建对丧亲的理解,或是在看似难以解释的经历中寻找从积极角度解释的能力,即为损失赋予意义;而获益发现强调人在丧亲经历过程中的成熟与成长,化悲痛为力量,增强自身的共情能力,重新调整生活优先事项,或与家庭内外的其他重要人物建立更紧密的联系等。

杰森·赫兰德(Jason M. Holland)等人的研究[2]发现,在丧亲适应的早期,意义建构能够帮助人们更好地适应;但随着时间的流逝,获益发现发挥着主导的心理改善和恢复作用。每个人的人生经历和生活方式不同,必然会采取不同的适应策略,在这方面其实很难去借鉴他人;但在我自身的叙事中,父亲临终前对健康的压倒性渴望形成了一个警钟,时时在我耳边敲响,让我只能从加倍对自身健康的关注中去发现潜在的"获益"。

---

1 Davis, et al. (1998). Making sense of loss andbenefiting from experience: Two construals of meaning. Journal of Personality andSocial Psychology, 75, 561-574.
2 Holland, et al. (2006). Meaning Reconstruction in the First Two Years of Bereavement: The Role of Sense-Making and Benefit-Finding. OMEGA — Journal of Death and Dying, 53(3), 175-191

在此后的大半年时间里，我养成了每天早上7~8点健身的习惯，除了有氧和力量训练，我还会去攀岩。在运动中，我能够更真切地感受到生命在我的血液中流淌，能够感受到组成我身体的每一块肌肉的存在，能够感受到在每一次深呼吸和呼吸节奏中被逐渐释放的重压，能够感受到控制身体、拥有力量、全身肢体感觉被百分百调动起来的那份活力与喜悦。对我来说，只有这样的真实感才能够对抗死亡的虚无。即使黑暗终将吞噬一切，但至少我尽情燃烧过。有的人从思考中获益，有的人从工作中获益，有的人从运动中获益，有的人从情感联结中获益。应对的方法并无优劣之分，只要对自己有用，那就是最好的方法。

我详细讲述了自己的叙事，并不是想鼓吹所有人都用高强度的运动来释放情绪——事实上，我不得不承认自己当时的应对有些过激了。可能是我过分关注情绪的释放而忽视了休息，半年不到我的身体关节就罢工了；我的左手腕因为三角纤维软骨复合体（TFCC）损伤而不得不戴上了固定的护具，我曾经热爱的所有运动都不得不暂停，改为不会给手腕造成压力的有氧运动，例如蹦床和单车。如果单纯只是把运动当成发泄的工具，不注重科学的恢复和休息，运动损伤几乎是不可避免的——当然从这段经历中我也有了新的获益发现，那就是学习了更多运动康复的知识，也拓展了我的运动模式。再好的压力应对和情绪释放方法，都需要适度，也要在应对过程中时刻关注身体的警示信号，量力而行。

就像是健康食品毫无疑问对我们的身体有益，但过度执着于健康食品会导致健康食品痴迷症（orthorexia nervosa）一样，过度沉迷于运动和健身也会导致一些心理健康问题。运动性厌食症[1]（anorexia athletica）也被称为过度运动症（hypergymnasia），是一种以过度和强迫性运动为特征的饮食障碍，在运动员中比较常见，人们往往通过过度运动来获得对身体的控制感。通常，患有该障碍的人会感觉除了对食物和运动的控制之外，自己对生活没有其他控制权。但实际上，他/她们对食物和运动也没有控制力——因为他/她们无法停止锻炼或控制食物摄入而不感到内疚。运动员通常从食用更多健康食物和增加训练开始，但当人们感觉这些不够时，就会开始过度锻炼并减少热量摄入。而人们也会对这种过度运动的生活方式上瘾，感到停不下来，甚至忽略造成过度疲劳甚至运动损伤的可能性或事实。

虽然运动性厌食症尚不是国际常用医学手册中确定的精神障碍，但它和一些其他医学疾病存在比较密切的关联，例如运动相对能量不足症（Relative energy deficiency in sport，RED-S）。这种疾病在以前被称为女性运动员三联症（the female athlete triad），后来的研究发现它虽然在女性运动员中比较高发，但

1　Sudi, et al. (2004) Anorexia athletica. Nutrition. 20(7-8): 657-661

不仅限于女运动员,因此更名[1]。运动相对能量不足症的症状包括饮食紊乱(或能量供给不足),(女性)闭经/月经量稀少和骨密度降低(骨质疏松),在很多强调运动员必须要保持极低体脂率的运动中更常见,例如长跑、游泳、体操、舞蹈和花样滑冰[2]。运动相对能量不足症的短期后果是骨骼肌肉损伤、运动能力下降和应力性骨折,而长期后果是不孕、饮食失调/紊乱、骨质疏松甚至精神疾病。

除此之外,一些医生提议恐瘦症[3](bigorexia或megarexia),又称肌肉上瘾(muscle dysmorphia),也属于一种特殊的进食障碍,以男性为主,患者总是不合理地认为自己的身材过于瘦小或肌肉不够发达,尽管在大多数情况下该患者的体格已经相当健壮。就像神经性厌食症一样,肌肉上瘾者难以放弃对体型的无止尽追求,为了达到心目中的理想体格,他/她们会在健身计划、饮食方案及营养补充等方面投注大量时间和心力,很多人也会使用包括雄激素在内的类固醇激素。

说了这么多,无非是想强调一个颠扑不破的事实:再好的情绪释放或减压方法,都需要适度。发泄情绪的方法很多,现

---

1 Mountjoy, et al. (2014) The IOC consensus statement: beyond the Female Athlete Triad — Relative Energy Deficiency in Sport (RED-S). British Journal of Sports Medicine. 48 (7): 491-497.
2 Chamberlain (2018) The Female Athlete Triad: Recommendations for Management. American Family Physician. 97(8): 501-502
3 Mosley (2009), Bigorexia: bodybuilding and muscle dysmorphia. Eur. Eat. Disorders Rev., 17: 191-198.

代便利的生活也给我们提供了无数的选择,无论是前面提到的正念冥想,还是我个人更喜欢的书写和运动,亦或是唱歌、跳舞、看电影、打游戏、看书、弹琴,只要能够缓解我们的情绪痛苦,都是非常有效的方法。积累在我们体内的情绪如果不能够定期开闸放水,势必会冲垮我们心灵和意志的堤坝,因此定期的释放非常重要。但重要的是不要上瘾;采用这些方法释放情绪是为了让我们获得健康和放松,而不是让我们更加疲劳和紧张。K歌、打游戏、运动虽好,但为了它们废寝忘食,则只会得不偿失。

蒂凡尼叼着玩具老鼠来到我面前,亲昵地用脑袋蹭蹭我的手背:"跟猫咪一起玩也可以释放情绪的,来嘛陪我玩~"

我怜爱地拍拍她的圆脑袋,开始用玩具老鼠逗弄她的胡须,她躺在地上,开心地用爪子扑抓着老鼠。

· 如何将消极情绪转化为积极情绪？

1989年，乔纳森·布朗（Jonathan Brown）和凯文·麦吉尔（Kevin McGill）在大学生中做了一个研究，发现对自我看法持消极态度的大学生，如果生活中发生的积极事件越多，反而健康状况越差[1]。这个发现证实了压力的身份破坏模型[2]（The identity disruption model），即生活事件会成为致病原因，部分归因于它们在某种程度上扰乱了自我概念。

生活事件可能以四种方式来破坏自我概念：导致个体放弃现有的身份，例如从大学毕业时必须放下学生的身份；迫使个体采纳新的身份，例如结婚时会获得丈夫或妻子的身份；通过改变自我概念的结构来扰乱身份，例如离开家踏入社会时，曾经重要的子女身份可能变得不那么重要，而新的身份（大学学生或企业员工）可能变得更加突出；导致个体重新评估现有的身份，例如在失去工作后，职业者的身份可能会受到质疑。在生活事件导致的身份转变过程中，对自我的态度和看法十分重要，例如自尊程度高的人能够更好地适应环境变化，更容易接

---

[1] Brown, et al. (1989). The cost of good fortune: When positive life events produce negative health consequences. Journal of Personality and Social Psychology, 57(6), 1103-1110.

[2] Brown(1987). An identity disruption model of stress. Unpublished manuscript, Southern Methodist University, Dallas, TX.

受和完成身份的转变。因此,自尊程度高的大学生经历越多的积极生活事件,变现出更好的健康状况;而自尊程度低的大学生则正好相反,经历的积极生活事件越多,他/她们会开始质疑此前对自己抱持的负面评价,极端情况下甚至有可能开始否定自己的过去——这种对自我的不确定性可能也会恶化他/她们对生活的控制能力和确定性,让他/她们无所适从,或者尝试做一些不成熟的改变,这些态度和行为的转变可能反而带来更多压力,降低他/她们抵抗疾病的能力。

因此,虽然消极情绪有着进化上的重要意义,但过多的消极情绪(尤其是对自己持有的消极态度)却可能把积极事件变成压力,让自己不得不承受一些原本不是压力的压力。在之前的情绪调节策略中,我们提到过积极重评策略的过少使用和较大的压力感相关,也就是说,对情绪进行积极重评能够有效帮助我们降低压力。

认知在情绪中扮演重要的地位,因为它可以对情绪的生理反应和情感变化提供环境分析和解释。我们的"老朋友"拉扎勒斯早在1964年就提出,和压力一样,情绪也是人与环境相互作用的产物[1]:在情绪活动中,人不仅接受环境中的刺激事件对自己的影响,同时要调节自己对于刺激的反应。情绪活动必须有认知活动的指导,只有这样,人们才可以了解环境中

---

[1] Lazarus. (1964). Short-circuiting of threat by experimentally altering cognitive appraisal. Journal of Abnormal and Social Psychology, 69, 195-205.

刺激事件的意义，才可能选择适当的、有价值的动作反应。基于拉扎勒斯的评估理论，詹姆斯·格罗斯（James Gross）提出了情绪调节加工模型[1]：可以通过在情绪生成过程中的一个或多个关键点来进行干预，以达到情绪调节的目的。例如，可以选择或修改本来会引发情绪的情境（将房间打扫整洁以减少烦乱情绪），调控注意力以降低对某些会激发情绪的刺激物的注意（被老师批评时盯着墙上的裂痕看）；改变对情境的评估或与情境的关系的看法（积极或消极的重新评估）；直接对抗情绪反应系统的变化（用苦笑压抑尴尬情绪）。

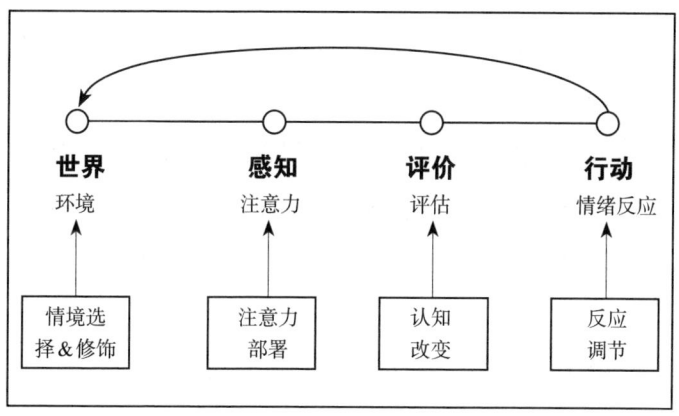

因此，要将消极情绪转化为积极情绪，我们可以采取将环境布置得相对积极（整洁，令人心情愉悦）、将注意力集中在

---

[1] Yih (2018): Better together: a unified perspective on appraisal and emotion regulation, Cognition and Emotion

相对积极的物品事件上、用积极的情绪反应来压抑消极情绪反应等方法。但最有效的其实还是对情绪的积极评估。和压力一样，我们的情绪反应虽然是自主和快速的，认知方面的重新评估虽然往往会慢一步，但它可以有效减轻我们已经产生的消极感受。我们从小就被教导的"失败是成功之母"，正是一种有效的对待失败与挫折的积极评估方式，我们可以将失败视为总结经验教训、发现弱点的好机会，将挫折看成是让我们发展和成熟的试金石。

还有其他很有效的积极重评方法。例如，遭遇到拒绝（如失恋），将其视为与不合适的人或机会解除关系，避免更多损失的契机，为我们今后遇到更多的机会和人创造机会。面对有挑战的工作时，将它当作展示自己能力和成就、促使自己学会更多技能的机会，只有我们的能力提高，我们才会成为工作岗位上不可或缺的一员。面对社交压力和人际冲突时，将它视为增进人际关系和沟通技巧的机会，促进互相理解和成长。

积极重新评价的原则是，当我们遭遇挫折和压力事件，自然而然地产生了消极情绪时，不要被消极情绪带着走，不要将注意力和精力全部集中在消极感受上，不要去反复思考为什么会产生这些消极情绪、到底是谁害自己变成这样，而更应该通过积极的评估和解读，尝试去找到逆境下的潜在机遇和获益可能，将这些积极方面作为关注点和努力方向，这样才能化压力为挑战，化挫折为动力，将环境变化导向损失最小化甚至有利的方向。而当我们缓解了当下的危机之后,再通过安全的回忆去进行当时消极情绪的归因,总结和吸取教训。所以,并不是说消极情绪不好,只是当已经身处逆境的时候,积极情绪往往可以帮助我们更好地振作起来和确定努力的方向和目标。当然,一味不顾现实的积极也是不可取的,积极应该是基于我们的冷静判断且具有切实的可行性,否则就只能是"毒鸡汤"。(还记得我们前面提到的"有毒积极"吗?)

"这一个问题的回答出乎意料的少呢。"蒂凡尼不太情愿地穿着我给她买的小汉服,垂着眼睛说。

"现在积极心理学相关的书籍啊视频啊实在是太多了,感觉说多了就难逃心灵鸡汤之嫌,我还是点到为止吧。"

"真的吗?"蒂凡尼毫不掩饰怀疑的眼神。

"好啦好啦,毕竟我的心理咨询经验不足嘛。每个人都可能有着不同的消极理由,按头让别人积极也没有意义。再说就算情绪不能积极,人也是可以做一些积极的事情来调节的。比如,健身、做慈善,甚至救助流浪猫。这些内容,在我的下一本书里我再详细说吧。"

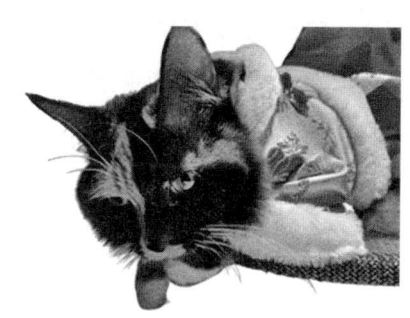

"这本书都还没写完,就已经在琢磨下一本书了吗?你还真是会化压力为挑战呢。"

我赶忙喝了一大口水,假装没听到蒂凡尼语气中的讽刺。

· 太敏感是件坏事吗?

讲了这么多关于情绪调节、感知、接纳、释放和转化的内容,听上去似乎要管理和控制我们的情绪是一件十分复杂的事情。但并非所有人在面对压力或挫折时都会出现大量消极情绪,或是产生严重的情绪后果。如果我们天生对环境刺激没有那么敏感,情绪反应没有那么强烈,自然也不需要耗费大量精力去试图控制我们的情绪。但是反过来,如果有的人生下来就对环境刺激很敏感,那势必会一直有过激的反应,会一直处在警惕和焦虑不安的情况下,也自然需要花费更大的精力与自己的情绪共处。

杰罗姆·卡根(Jerome Kagan)很早就发现,16周大的婴儿对于视觉、听觉和嗅觉刺激会表现出两种完全不同的反应模式[1]。20%的婴儿在看到颜色鲜艳的移动物体、听到大声讲话、或感受到擦拭在身体上的酒精时,会剧烈活动,表现得烦躁不

---

[1] Kagan (1994) On the Nature of Emotion. Monographs of the Society for Research in ChildDevelopment, The Development of Emotion Regulation: Biological and Behavioral Considerations, 59(2/3): 7-24

安或大哭。而在这些反应强烈的婴儿中，又有2/3会在14个月或21个月大的时候对一系列不熟悉的事件表现出极度的恐惧。卡根将这些孩子称为高反应性（high reactive）婴儿，约占婴儿总数的15%。而相对的，约有25%的婴儿则是低反应性婴儿，并且在第二年也不会表现出恐惧或者畏缩行为。高反应性的孩子在成长过程中，多种生理指标都会偏高，例如心率和大脑活动。而他/她们也更可能经历更多的消极情绪，例如焦虑、恐惧和不确定感。

高反应性的婴儿在成长过程中很可能也会表现出高度敏感。因为与生俱来的对环境刺激的敏感性，高度敏感者可能拥有比其他人更深入的感知和处理内部/外部刺激的能力。例如，高度敏感者能够忍受的听力分贝上限和疼痛上限很可能比其他人要低。卡特琳·佐斯特（Kathrin Sohst）在书里[1]提到高度敏感者有三个明显的标志：狭小的舒适区域、受到刺激后易产生过度反应、在接受刺激和信息后需要很长时间才能平复。这就是说，高度敏感者在面对积极情绪和独处的平静时，能够感受到更舒适和快乐的情感体验。但反过来，消极情绪和糟糕的经历也会在他/她们身上被无限放大。高度敏感的人信息处理更有深度，但也可能更容易陷入冗思；更容易也更快地受到过度刺激；对积极的刺激反应更强烈，但消极的刺激反应更加深

---

[1] 佐斯特。（2019）高度敏感的力量。四川人民出版社。

刻；可以感受到一般人感受不到的细微刺激。

从我开始从事心理学和压力相关的研究之后，虽然我本人并不从事心理咨询的工作，也常常会听到身边的人向我倾诉身边的孩子小小年纪罹患抑郁症的不幸。在这些让人难过的叙事里，经常出现类似的情节，那就是年幼的孩子们被家人老师朋友斥责，为什么他/她们总是那么敏感，为什么他/她们不能像其他孩子那样坚强。天生敏感的孩子很可能在同龄人眼中十分不合群，他/她们遇事总是会表现得比较过激，会被打上心理承受能力差的标签；为了不让自己表现得过激，他/她们不得不小心谨慎而畏缩，这很可能会当作是懦弱和软弱。我们在前面讲到了心理韧性的重要性，心理强韧、抗压能力强的人当然会受到追捧，"强者"总是会受到尊敬，"弱者"则会被唾弃。但仅仅是因为比别人承受了更多的情绪压力，就应该被当作"弱者"吗？生而为"强者"当然是一件幸运的事情，而"能力越大，责任越大"；超人能飞，有激光眼，有钢铁之躯，所以他会被当作"人间之神"，但是即使他没有这些能力，善良、有同情心的普通人克拉克·肯特就一无是处了吗？

从压力应对的角度来说，心理更加坚韧的人能够更好应对高压环境，因此在高强度的工作和体育竞技中能够表现更好，并得到更高的评价。心理敏感则似乎是心理坚韧的对立面，敏感的人更容易受到压力和逆境的消极影响，容易被过度卷入其中，产生非常强烈的不良反应和不适感。如果心理敏感的人

（尤其是高度敏感）本身就处于压力应对资源比较少的境地，那么压力产生的不良影响很可能会持续更久，也产生更糟糕的后果。也因此，在一个充满压力的社会环境中，相比于心理敏感的人，心理坚韧的人通常在物质领域更容易获得成功，因为他/她们更容易抓住机会，也不需要花费太多时间和自己的强烈生理心理情绪反应和解，因此生理和心理健康水平也较好；他/她们通常收入更高，生活看起来也更加和谐平稳。

但是，一个处处充满压力的社会并不能算是正常状态。压力意味着潜在的威胁和损害，压力越多，受到伤害的人也就越多；频繁的压力不应该是一个健全社会的常态。人们更应该做的，是建设和完善社会，减少社会压力，而不是让人类社会成为一个弱肉强食的黑暗丛林，认定弱者如果不能努力变强，就活该被牺牲、被献祭。更何况，心理坚韧并不代表就更有力量，更有权力，更有财富——如果是一个通过暴力伤害别人才能获得权力和财富、成为强者的社会，心理再坚韧的人也同样会被视为弱者。

在一个正常的社会里，心理敏感的人和心理坚韧的人都是不可缺的。左斯特提到有一些特质配合高度敏感，会让敏感的人更具优势。以共情为例，它是指能够站在他人的角度去理解或感受另一个人正在经历的事情；它分为情感共情和认知共情，前者指能够理解他人的情感，并能够基于这种理解以适当的情感回应他人的心理状态的能力，而后者指理解他人观点、思考方式或精神状态的能力[1]。具有共情能力的高度敏感者可以更加设身处地的为他人着想，他/她们的情感更加细腻，也更加有感染力，能够获得别人的信任。他/她们也更能敏锐地察觉到很多语言之外的社会线索，例如同伴的感受、房间里的气氛、人们彼此之间的关系和态度。当然，他/她们可能也更容易被别人的情绪所影响。

卡齐米日·东布罗夫斯基（Kazimierz Dabrowski）提出了一个很有趣的积极分裂理论[2]（theory of positive disintegration），他认为那些天赋异禀的人们往往会受到紧张、内心冲突、斗争和焦虑的刺激和影响，从而完成了从较低的精神生活水平向较高的精神生活水平的过渡。他提出，"情感、智力和想象力的过度兴奋在发展动力的形成中起着重要作用，它塑造并引导着人格发展"。这种过度兴奋可能表现在5个方面，包括精神运动性兴奋、感官愉悦兴奋、想象力兴奋、智力和思维活动兴奋、情感兴奋。这些过度兴奋（尤其是后三种）可以让一个人能够更加深刻地感受日常生活，深入体验生活悲喜的极致，所以他/她可以更加有力地感受、体验和认识这个世界。

东布罗夫斯基在针对智力资优儿童的研究中发现，这些孩子往往都表现出过度焦虑；这一方面可能是因为他/她们超越

---

1 Rogers, et al. (2007) Who Cares? Revisiting Empathy in Asperger Syndrome. J Autism Dev Disord. 37: 709-715
2 Dabrowski. (1967). Personality shaping through positive disintegration. Boston: Little, Brown & Company

常人的感性，不仅能够让他/她们在工作表现上异于常人，也会增加他/她们对所经历事件的敏感程度和生理、心理反应。另一方面，佐斯特分析，是由于东布罗夫斯基所处的那个年代（1962年的波兰），那些对自己现状不满意、富有创造性幻想的人，常常被医学界视为心理或神经方面有问题——由于他/她们常常生活在内心斗争、自我批评与恐慌中，而他/她们的理想又如此宏大和美好，更加凸显了他/她们自身的微不足道。为了不被当作"有病"，很多人压抑或否认自己的高度敏感性——因此东布罗夫斯基认为高度敏感或过度焦虑正是一种"悲剧性的天赋"：内心斗争并不是消极的，而是内在发展的表现，正是因为对社会责任的担当和对自身理想的追寻发生了冲突，才会有内心斗争。他主张敏感的人不必迫使自己适应社会，而是可以自信地继续发展自己。但是，也正如佐斯特所说，"尽管有很多负面的声音，高度敏感者们还是拥有充足的天赋，能够经营健康而充满活力的生活——前提是他/她们必须对自己负责，关注自己的需求，在遇到困难的时候知道寻求帮助，拥有勇气为自己树立充实生活的标准。"

如果你是一个天生高度敏感的人，你的成长之路上必然会遭遇到很多特殊的挑战，你可能会经历更多的刺激和压力，受到更多压力的伤害，也会因此表现出更多的自我怀疑、脆弱感、恐惧感甚至罪恶感。但你也有一些独特的优势，你会拥有更细腻的感知能力、高度的共情能力和更强烈的直觉，你可能也更有创造力、更能带给你关心的人与众不同的经历和激情,你的联想思维能力可能也更强,可能也具有更独特的问题解决方式。因此,你可能会比别人更需要本书中提到的那些情绪管理方法。你的情绪生活是如此丰富,你更需要理性地感知和接纳它们,也要更加注重自我关怀、放松和情绪释放,这样才能让你的优势更好地展现,让它们更好地为你的生活和工作服务。

如果你身边有着高度敏感的朋友,或者你是高度敏感者的家长或监护人,那你更应该去理解他们。千万不要用这些带刺的话语去责备他们:"你怎么这么敏感!""你脸皮不要这么薄可以吗?""别老钻牛角尖!""你能不能别动不动就哭哭啼啼?""你咋就不能再多努力融入班级?""振作一点行不行啊?""不要成天想东想西可以吗?"生而敏感并不是他/她们的选择,他/她们本就不该为这样的天性而受到谴责。否定他/她们的天性,就是在彻底否定他/她们自己,没有任何一个孩子应该受到这样的惩罚。我们对于朋友或者家人的关心,并不是让心理敏感的人强迫自己变得对周围环境的刺激和伤害不再那么在意和敏感(这也是几乎不可能做到的),而应该是提供更多的压力应对资源和保护措施,让人们的敏感成为给生活增添色彩的画笔,而非成为伤害他/她们的荆棘。

"这么说起来,小黑和娜娜应该都属于高度敏感的猫咪。"

蒂凡尼若有所思。

"确实。"我看着此时此刻脸正贴着小黑屁股的娜娜，他俩感情一直很要好，现在正一起趴在暖气片上，保持着一模一样的姿势，倒是挺有趣的。我不禁又回忆起娜娜刚到我家的头两个月，真是每天鸡飞狗跳的，不管我对她多好，她都非常害怕我，总是要找各种缝隙角落钻，我一靠近就会抓我挠我，毫不留情。也就是在这样的躲藏过程中，她弄伤了自己的左眼，直到现在一激动就会流眼泪，漂亮的鸳鸯眼也总是脏脏的。而小黑很可能是因为在被我从大街上捡到之前，有过一段颠沛流离的辛苦生活，对我非常地依恋，也很害怕被再次遗弃，变得十分敏感。虽然娜娜在小黑的感化下，对我已经不再表现出害怕，但她依然对环境很敏感，每次听到门外走廊有一点风吹草动就会赶紧找地方躲藏起来——甚至是在吃饭的时候。这也解释了为什么她会比自己的同胞姐妹小八瘦小很多。

"高度敏感的猫咪在野外应该存活率更高,因为它们的极高警惕性可以让它们避开很多危险,例如川流不息的马路和心怀不轨的人类。但是生活在安全的环境里,却反而让它们不适应了。"我小心翼翼地靠近娜娜。在一起生活了快7年了,除非她心情好的时候主动靠近我,其他任何时候只要我试图靠近她,她都会警惕地看着我,随时做好逃之夭夭的准备。不过我也熟悉了她的这种性格,以尽量轻柔缓慢的动作、微笑着向她接近,并且伸出双手,让她能看出我的意图。我能看出来娜娜在努力抑制着逃跑的冲动,目不转睛地盯着我的手和脸。终于,我的手轻轻放在她的臀部,这是她最喜欢我抚摸的地方。我温柔的抚摸着她背脊上的毛,她也渐渐放松了警惕,眼中露出缓和放松的神情,喉咙里轻轻地呼噜起来。

·有必要人人都成为情绪管理大师吗?

我们常常在各种影视小说里看到这样的所谓"社会成功人士"的描写,他/她们总是冷静理智,泰山崩于前而面不改色。他/她们擅长控制情绪,只展示自己想要展示的情绪情感,不容易被挑逗或被激怒,从不焦虑,对他人的质疑或充满敌意的评价满不在乎,能够保证自己不陷入他人的情绪旋涡中——他/她们认为所有的问题都是"别人的问题",和自己无关,所以不能证明自己的能力或弱点。正因为他/她们总是能够在关键时刻保持冷静,他/她们也更加能够专注于自己的选择,深信自己能够改变正在发生的事情,相信只要坚持就一定会有转机,经常会有胜券在握的自信。一个更加完美的"成功人士"甚至还能帮助别人管理情绪,也能理解别人的情绪感受,知道如何妥善处理别人的情绪冲动问题。

似乎,在人们的刻板印象中,具有较高情绪控制能力的"情绪管理大师"们才更加容易成功。而相应的,总是失败的人也会被描述成情绪控制能力更差的人。当事情进展不顺利时,他/她们马上就会生气、恼怒、焦虑或抑郁;他/她们总是把问题看成"我自己的问题",总是带着自责或责备的心态看待事物;他/她们很容易被他人的情绪所刺激和影响,面对挑衅时惊慌失措难以应对,对他人产生害怕和回避的感觉,总是会大哭、歇斯底里,并希望这些消极情绪能蔓延到周围的人身上。即使发生了好运,他/她们也会觉得自己配不上这样的好运,反而产生更多消极情绪。

有趣的是,现在的影视作品里,那些完美契合"成功人士"刻板印象的主角们已经越来越不常见了。反而是"反派"们的情绪控制能力更强——当然通常能够和主角为敌,反派们也得符合一定"成功"的定义。这很可能是因为人们发现,情绪控制能力太高也可能带来一些潜在问题:过分掩饰自己的情感流露会让人觉得不可捉摸,无论发生什么事都镇定自若也会让人觉得里面是不是有什么阴谋,有没有可能整件事情其实就是他/她自己策划的。人们也可能觉得情绪流露少的人过于冷漠，不热情和不真诚，可能会破坏彼此的信任感，降低合作的可能和效率。由此可见，虽然情绪控制对于人们在独自面对压力时更好地采取行动改变逆境是有帮助的，但过高的情绪控制也可能会影响人际关系——毕竟，我们并不需要在面对所有压力时都孤独应对，有时候情感的流露会给身边关心我们的人发出信号，让他/她们伸出援助之手，帮助我们一起应对压力。

无论人们处于何种压力的影响，有效的社会支持（social support）都是帮助人们减压的"利器"。而社会支持的有效性则在很大程度上取决于共情（empathy）这个亲社会的特质[1]，尤其是对女性群体而言。我们已经提到过共情，一个情绪控制能力很高的人，很有可能无法真正设身处地地去理解或感受情绪控制能力低的人在遭遇逆境时的想法和处境，那么即使他/她们想要提供帮助，很可能也有心无力。在情绪调节领域，情绪控制属于一种情绪调节手段（尽管这里的定义可能和心理韧性的情绪控制略有不同），是人们抑制、增强、维持和调节情绪激发以实现个人目标的能力[2]。情绪对他人情境的反应可能导致共情或共情相关的情绪（如同情），也可能导致个人困扰，

---

1 Trobst, et al. (1994). The Role of Emotion in Social Support Provision: Gender, Empathy and Expressions of Distress. Journal of Social and Personal Relationships, 11(1), 45−62.
2 Cole, et al. (2004). Emotion regulation as a scientificconstruct: Methodological challenges and directions for child development research. Child Development, 75, 317−333.

例如对他人情境的自我关注所导致的负面情感（如恐惧、焦虑或不适）；情绪过度激发可能会导致个人困扰，但情绪激发不足则可能既不引起个人困扰也不引起共情或同情[1]。

有效的情绪调节能力使人们能够在目睹他人需要帮助时摒弃个人困扰的情感，使注意力从自我导向转向他人导向——而年幼的缺乏情绪调节能力的孩子则可能无法从助人过程中的个人困扰中解脱，从而减少助人的意愿和动机。在希南特（J. Benjamin Hinnant）和奥布莱恩（Marion O'Brien）的研究中[2]，5岁的男孩认知抑制能力越高，共情水平也越高；而女孩则表现出相反的趋势，即认知抑制能力越高，共情水平则越低。希南特推测，这很可能是因为父母和社会更倾向于培养和鼓励女孩的共情能力，于是女性总体具有更高水平的共情，个人困扰很可能并不会阻碍女性去共情他人，因为对她们来说共情更像是一种本能。而男孩子则更可能依赖他们的认知-情绪控制和观点采择能力来体验共情。总之，男孩和女孩的社会化过程很可能并不相同，因此可能会以不同的方式感知他人的困扰，并使用不同的过程来体验共情。

---

[1] Eisenberg, et al. (1998). Prosocial development. In W. Damon (Series Ed.) & N. Eisenberg (Vol. Ed.), Handbook of child psychology: Vol. 3. Social, emotional, and personality development (5th ed., pp. 701-778). New York: Wiley.

[2] Hinnant et al. (2007) Cognitive and Emotional Control and Perspective Taking and Their Relations to Empathy in 5-Year-Old Children, The Journal of Genetic Psychology: Research and Theory on Human Development, 168: 3, 301-322.

如前所述，共情在人际互助中起到非常重要的作用。贾米尔·扎基（Jamil Zaki）则更进一步，将共情从观察者的角度划分为多个子成分[1]。他认为共情描述了观察者对社交对象情绪的反应模式。这些反应包括心智化（mentalizing），指观察者明确考虑到对方的经历，能够使观察者在头脑中形成内部表征以模拟对方的经历，从而理解对象的感受和原因。观察者对对方的情绪也会产生不同的情感反应，其中经验共享（experience sharing）是指替代性地体验对方的情感；共情关注（empathic concern）则是体验到改善他人幸福感的动机，而不一定非得经历对方的情绪状态。经验共享和共情关注虽然都和情绪有关，但它们在一定程度上是独立的。例如，共情关注在实验任务中更能准确地预测志愿者工作、慈善捐赠和慷慨行为，它与个体的幸福感、形成和维持成功亲密关系的能力相关，而经验共享反而可能使关怀他人的专业人士面临倦怠的风险[2]。

通过社会支持来调节情绪的策略被称为人际情绪调节[3]（interpersonal emotion regulation），指人们通过社交互动来调节自己和他人的情绪。经验共享式的共情更有可能推动内在的人际情绪调节，让人们在聆听他人的心理痛苦时产生替代性

---

1 Zaki. (2017). Moving beyond stereotypes of empathy. Trends Cogn. Sci. 21(2): 59–60.
2 Zaki. (2020) Integrating Empathy and Interpersonal Emotion Regulation. Annual Review of Psychology. 71: 517–540.
3 Dixon-Gordon, et al. (2015). Recent innovations in the field of interpersonal emotion regulation. Curr. Opin. Psychol. 3: 36–42.

体验，帮助观察者通过替代性体验来承担目标的消极情绪，从而产生缓解自身痛苦的动机，来促使他/她们更好地帮助目标。但有时候这些替代性体验可能过于创伤，过度地卷入导致他/她们产生了同情倦怠，而当人们因为自身的心理痛苦而感到沮丧时，他/她们很可能会设法转移话题，避免接触或贬低帮助对象，或通过抑制对话者的情绪表达来调节自己的情绪。

扎基认为，共情关注之所以在很多情况下相比于经验共享更能帮助他人，是因为它对于人们的情绪能力提出了更高的要求，是一种"以提高他人福祉为最终目标的动机状态"。我们并不是要刻意避免或压抑情绪，而是要熟悉和使用各种情绪——尤其是消极情绪。传统的情绪调节研究认为，情绪调节的原则是趋利避害，即努力感觉良好并避免感觉糟糕，也就是享乐主义（hedonism）[1]。但现实是，人们往往也会主动追求可能带来消极情绪的事物，例如恐怖电影、悲伤音乐、辛辣味觉刺激和高强度的体育训练，表现出反享乐动机[2]；尤其在青少年阶段这种动机更加强烈。因此，人类并不是纯粹的情感享乐主义者，而是情感实用主义者（emotional pragmatists）：我们追求情感并不是因为它们令人愉快，而是因为在特定情境下它们是有用的。

---

1 Larsen. (2000). Toward a science of mood regulation. Psychol. Inq. 11(3): 129-141.
2 Oosterwijk. (2017). Choosing the negative: a behavioral demonstration of morbid curiosity. PLOS ONE 12(7): e0178399.

情绪是具有工具性质[1]的，只要运用得当，收放自如，它就会成为让我们的生活更加鲜活丰富的"灵药"。一个即将走上竞技场的战士会让自己更加愤怒，从而激发更多的能量；恐惧让我们更加关注周围的环境，提高警惕，能够更快的发现危险从而更早逃离；当我们陷入困境时，适当流露出悲伤的情绪也能够让人们更早施以援手。在很多情况下，消极情绪相比于积极情绪能够更有利于人们实现目标，因此这些工具性情绪是有益的。而那些能够灵活的在需要时调节情绪的积极或消极状态，而非一味追求积极情绪的人，可能也会表现出更高的生活满意度和主观幸福感。

在人际情绪调节中，共情关注者帮助他人调节情绪时，也可能会选择反享乐的外在情绪调节，而非一味地让对方压抑或发泄情绪。一位治疗师在面对社交恐惧症患者时，采取暴露疗法，让其在相对安全的环境下暴露在一系列令其厌恶和不安的社交线索下。一群自发的动物保护主义者，在社交媒体上分享和传播虐猫者残酷对待流浪猫的视频和照片，激起人们对施虐者的愤怒和对相应法规的关注。一位好闺蜜在倾听女孩哭泣前男友对自己的不忠和暴力时，义愤填膺的使用更加尖刻和过激的语言来咒骂这位负心汉，使女孩的愤怒情绪甚至超过了悲伤情绪。这些都是有意识加剧对方消极情绪而非改善对方情

---

1 Tamir. (2016). Why do people regulate their emotions? A taxonomy of motives in emotion regulation. Pers. Soc. Psychol. Rev. 20(3): 199−222.

绪状态的做法，但这些反享乐行为对于个体或社会的幸福感是有益的。

最后，回到标题的问题：有必要人人都成为情绪管理大师吗？我认为，这取决于我们如何看待情绪管理。如果只是单纯减少情绪表达和外露，不让情绪影响我们，让每个人都成为极度理智和冷漠的情绪控制大师，那人类社会很可能最终会变成一片自私自利的人际荒漠。情绪是有益的，不管是积极情绪还是消极情绪，我们会本能地追求积极情绪，但也不该忽视消极情绪的强大进化适应力量。我们常常说，能够共享乐的朋友固然好，能够共患难的朋友才更值得珍惜。消极情绪会带来更加深刻的人生体验，会成为我们突破潜能的强烈动机，也更需要我们去认识它、理解它、使用它。情绪控制和身体控制一样，前者我们会本能地追求积极和享乐，后者我们会本能地追求平静和休息，但在生活中消极和反享乐、活跃和不断挑战极限也同样重要。此外，在逆境中我们确实需要适度的情绪管理，但在日常生活中我们也同样需要真情的流露。

我们需要能够随时保持镇定冷静的情绪管理大师，也同样需要"路见不平一声吼"的真性情的英雄豪杰。

~~~~~~

"确实如此。既然人类标榜着你们比人工智能更先进的地方就因为情绪和情感，那么你们更应该珍惜你们的独特性，而不是千方百计想要变得和我们一样。"蒂凡尼点点头。

"那么到现在,我已经回答了你们关于我这个时代的压力和压力应对的35个问题。因为你的到来,我也额外产生了4个疑问。当然,我知道你是不会回答我任何问题的,所以我尝试从我的角度来解析和回答这些关于新时代新压力的问题。我很清楚我的回答对于你们那个时代的人和人工智能来说很可能是非常幼稚和粗浅的,但机会难得,既然你正好在这个特殊的时代穿越过来,我可不能错过和你们交流的机会——即使只是单方面的交流。"我笑着说。不知道是不是我的错觉,总觉得此刻的蒂凡尼露出了一丝局促不安。看来人工智能真的挺不擅长伪装的呢,我暗暗在心里想。

第五部分
新时代，新压力，新挑战

2020年，新冠疫情横空出世；2021年，全世界陆续出现罕见的极端天气，包括河南特大水灾；2022年，俄乌战争、国内"清零政策"宣告退场；2023年，人工智能成为焦点、世卫组织宣布新冠疫情不再构成国际关注的突发公共卫生事件。突如其来的一场疫情压力，仿佛是一个放大镜，将全人类、各个民族、各个国家的社会问题都暴露了出来，也产生了一系列连锁反应。这场全世界共同面对的突发公共卫生危机毫无疑问给人们的生活带来了破坏性的影响，直接或间接地给社会和家庭带来了沉重的经济问题，时至今日仍然有着深远的健康威胁和生活方式影响。在职场上，新冠疫情对市场、供求（消费和投资）、商业活动限制、人员流动限制（特别是那些跨城市旅行的人）、学校运营以及大多数私人和公共机构产生了直接影响；

而在很多国家和城市,人们也经历了时间最久的居家办公强制性要求[1]。

疫情初爆发时,正是"第四次工业革命"[2]的概念提出后不久。克劳斯·施瓦布(Klaus Schwab)提出,第一次工业革命始于1784年,利用水力和蒸汽动力实现了生产的机械化;第二次工业革命始于1870年,利用电力实现了大规模生产;第三次工业革命始于1969年,利用电子和信息技术实现了生产的自动化。而在2014年前后,第四次工业革命正在萌芽,"我们正处于一场技术革命的边缘,这场革命将从根本上改变我们的生活、工作和相互关系。从其规模、范围和复杂性来看,这种转变将与人类以往的经历完全不同。"它的特点是各种技术的融合,使物理、数字和生物领域之间的界限变得模糊起来;与以往的工业革命相比,第四次工业革命的进展速度是指数级而不是线性的。数十亿人通过移动设备连接在一起,拥有前所未有的数据处理能力、存储容量和知识获取能力,其潜力是无限的。这些可能性也将在人工智能、机器人技术、物联网、自动驾驶汽车、3D打印、纳米技术、生物技术、材料科学、能源储存和量子计算等领域的新技术突破的推动下倍增。

技术的变革同样也伴随着社会的变革。1987年,"乌

---

[1] Ausat. (2023). The Application of Technology in the Age of Covid-19 and Its Effects on Performance. Apollo: Journal of Tourism and Business, 1(1), 14-22.
[2] Schwab. (2016) The Fourth Industrial Revolution: what it means, how to respond. World economic forum.

卡"（VUCA）[1]的概念首次提出，用以形容世界环境的波动性（volatility）、不确定性（uncertainty）、复杂性（complexity）、模糊性（ambiguity）。随后美国陆军战争学院引入了这个概念，用以形容冷战结束后的多边世界。21世纪，"乌卡时代"的概念再次兴起，从战略领导、到企业组织、到教育领域都有所涉及[2]。但不仅仅是企业、政府或领导阶层面临"乌卡时代"的这些特性，每个人都被时代的浪潮所裹挟，每个人所面临的压力自然也会被时代的波动性、不确定性、复杂性和模糊性所放大。按照拉扎勒斯的理论，我们的压力感受到两个因素的影响——不确定性和不可预测性，显然，"乌卡时代"的波动性和不确定性会放大压力的不确定性，而复杂性和模糊性则会放大对压力走向的不可预测性。生活在这样的时代里，我们每个人都感到"压力山大"似乎是必然的结局。

新冠疫情的这三年，似乎加剧了"乌卡时代"的这些特性。联合国2023年5月16日发布的《世界经济形势与展望》报告[3]显示，随着新冠疫情的影响持续，全球经济复苏的前景依然暗淡：在通胀率居高不下、利率上升和不确定性加剧，以及气候变化日益恶化的影响下，经济长期低增长的风险依然

---

[1] Benniset al. (1985). Leaders: Strategies for Taking Charge.Harper Business; 2nd edition (May 22, 2007).
[2] Rouvrais, et al. (2018). Engineering Students Ready for a VUCA World? A Design based Research on Decisionship. Proceedings of the 14th International CDIO Conference, KIT, Kanazawa, Japan: 872-881.
[3] 联合国新闻。"新冠疫情后的世界经济仍受重创"。2023年5月16日。

存在。人民日报海外版[1]也提到,"全球经济正在经历一场根本性转变,即从一个相对可预测的世界转向一个更加脆弱的世界。""2023年,全球经济发展前景仍面临较大不确定性因素。可以预见,全球将继续面临美欧等发达经济体货币紧缩政策引发的溢出效应……2023年,全球经济增速或将延续下行趋势,且不排除部分重要经济体出现衰退的可能性。从中长期来看,世界经济将行进在中低速增长轨道,发达经济体与发展中经济体的双速增长格局仍将持续,但不同国家和地区之间的经济增长分化态势依然显著。"国际货币基金组织的博客[2]中还提到,"在中国经济重新开放的带动下,亚洲将引领全球经济增长:预计中国和印度约将贡献今年全球增长的半壁江山",其中亚太地区今年将贡献全球增长的70%左右,远高于近年来的水平。

同时,长达3年的防疫政策也加速了科技的采用:数字技术和互联网的普及在一定程度上弥补了人际隔离和活动受限对科技相关工作的影响。仅在疫情初期(2020年10月)麦肯锡公司(McKinsey & Company)的一项调查[3]中就已经显示,疫情期间由于消费者大规模转向在线渠道,尤其在亚洲发达地区,采用数字渠道的速度比按照疫情前预测的速度提前了4年

---

[1] 人民日报海外版。"2023,世界经济转机何在?(环球热点)"。2023年01月19日。
[2] Helbling, et al. "在中国经济重新开放的带动下,亚洲将引领全球经济增长"。2023年5月1日
[3] McKinsey & Company. "How COVID-19 has pushed companies over the technology tipping point — and transformed business forever". October 5, 2020.

左右。数字产品或数字增强产品的开发速度也加快了,相关公司开发这些产品和服务的速度比疫情前预测的速度平均提前了7年,而在亚洲发达地区甚至提前了10年。更有意思的是,面对疫情所要求的工作方式转变,企业和组织的行动速度比预期快了20～25倍。例如在远程办公的情况下,调查对象的公司的行动速度比疫情之前认为的可能性快了43倍——此前的预期是454天,而实际平均只需11天就能实施可行的解决方案,并且几乎所有公司在几个月内就建立了可行的解决方案。

疫情后的"乌卡时代"压力问题加剧、第四次工业革命背景下科技和数字革命的急速发展,以及经济衰退,这就是身处2023年的我们所面临的世界现状。当然,要科学地认知和分析这个现状,需要集合经济学、政治学、人类学、社会学、心理学等多种学科领域的前沿知识和实践经验,我自然是没有资格在这里"打肿脸充胖子"的。我只能结合自己的学科背景和相关的研究进展,简单讨论一下那些可能是独属于这个新时代的新的压力源,以及作为个体的我们也许应该对这些压力源做出哪些心理或行动上的准备。

·今天你摸鱼了吗?

2012年,麦考瑞字典(Macquarie Dictionary)引入了一个新的词汇:phubbing(手机冷落)。这个词是phone(手机)

和snubbing（冷落，怠慢）的组合词，用来描述那些只关心手机而忽略了身边人的行为。phubbing的衍生词phubber，就是中文中常说的"低头族"。毫无疑问，智能手机的出现给我们的生活带来了极大的便利。我们更容易与家人和亲朋保持联系，能够轻松与他人建立更多情感上的联系，在需要时获取宝贵的信息帮助和社会支持，也能减少孤独感。但人们对智能手机和手机内的数字技术的日渐依赖也会带来很多消极后果，最常见的影响就是在人们进行面对面交往时，手机对线下对话的干扰[1]。短信和推送通知会干扰注意力，大量信息触手可及，人们可能会担心错过时事新闻而感到焦虑，以强迫的方式不断刷新手机页面，并难以关闭或收起手机。线下对话和线上对话的主要区别在于非语言线索：在面对面的互动中，交谈双方会表现出很多非言语线索，如行为、身体倾斜、身体方向、凝视和触碰等表示亲近或喜欢的行为。眼神交流在面对面的交流中也非常重要；当人们将目光转向手机而不是对话伙伴时，必然会中断眼神交流，也会严重影响双方的对话。人们会对谈话对象注意力被手机分散而感到恼怒，一方面这体现了对方对于当前谈话的心不在焉，另一方面对方可能在使用手机和其他人进行交流，这就造成了自己的"社交缺席"，引发"被拒绝"的不

---

[1] Nazir, et al. (2016) Phubbing: A Technological Invasion Which Connected the WorldBut Disconnected Humans. The International Journal of Indian Psychology. 3(4): 68.

快感。毫无疑问,"低头族"会遭遇很多现实生活中的人际关系(尤其是亲密关系)问题。

"低头族"很可能也是智能手机成瘾的一种表现。我们可以使用一个简版智能手机成瘾量表[1](Smartphone Addiction Scale, SAS-SV)来简单查看一下自己是否有智能手机成瘾问题。

1. 因使用智能手机而缺少工作计划
2. 在课堂上,使用智能手机进行工作或完成任务时很难集中精力
3. 使用智能手机时,手腕或颈后部感到疼痛
4. 没有智能手机就无法忍受
5. 当我不拿着智能手机时,感到不耐烦和烦躁
6. 即使我不使用智能手机,也总会想起我的智能手机
7. 即使我的日常生活已经受到很大影响,我也永远不会放弃使用我的智能手机
8. 不断检查我的智能手机,以免错过微信等社交应用上其他人之间的对话
9. 使用我的智能手机的时间比我预期的更长
10. 我周围的人告诉我,我使用智能手机太过头了

---

[1] Kwon, et al. (2013) The Smartphone Addiction Scale: Development and Validation of a Short Version for Adolescents. PLoS ONE 8(12): e83558.

2018年的一篇综述[1]中提到,筛查研究估计智能手机成瘾的常见范围为10%～20%,还有一个研究发现,48%的本科大学生有智能手机成瘾问题。也有一些探究智能手机成瘾和文化差异的研究认为,一些亚洲社会的文化规范可能使得人们难以找到时间和机会自由社交和展示自我,从而导致个人移动设备的高使用率。虽然高频使用智能手机与很多消极后果有关,例如人际关系和学业问题,但这篇综述的作者们也认为智能手机上瘾和其他临床成瘾障碍有着本质的区别。并且,智能手机只是上网的媒介,人们表现出对智能手机的依赖性,很多时候并不是因为智能手机本身,而更可能是"互联网上瘾"的结果。使用智能手机的群体最常表现出的行为是使用社交网络或游戏,是互联网上的社交互动或信息过载、以及游戏等休闲行为通过智能手机这个媒介入侵了我们的生活和工作空间/时间。

疫情期间,很多国家的教育系统都规定了在线学习,无论是中小学还是大学课堂,在线学习都成为了主流学习手段。由于学生需要使用个人电脑、平板电脑、智能手机等数字设备参加课程,因此他/她们被其他技术工具分散注意力,从而降低学习效果的可能性也增加[2]。大面积线上课程也会加剧一

---

[1] Panova, et al. (2018) Is smartphone addiction really an addiction? Journal of Behavioral Addictions. 7(2): 252–259.

[2] Haleem, et al. (2022). Understanding the role of digital technologies in education: A review. Sustainable Operations and Computers, 3, 275–285.

个数字时代的新问题——网络怠工（cyberloafing）。与其他信息技术工具相比，智能手机由于更易于获取和使用，导致学生更容易分心，而学生在课堂上很大一部分时间都是在使用数字设备进行网络怠工[1]。在疫情期间，情绪调节困难的雇员[2]和大学生[3]都表现出更高的网络怠工倾向；情绪调节困难也和问题性互联网使用、视频游戏成瘾、问题性智能手机使用有密切关联[4]。

网络怠工并不是疫情期间才出现的问题。早在2002年[5]，它就已经被定义为员工在工作中通过使用互联网进行与工作无关的一系列电子媒介活动行为，例如观看YouTube和检查Facebook；在中国互联网背景下可能包括看新浪微博、看抖音、刷淘宝、刷网文等。也有一些较罕见的网络怠工行为，例如在互联网上工作时玩视频游戏。从根本上说，网络怠工是通

---

1 McCoy. (2020). Digital distractions in the classroom: Student classroom use of digital devices for non-class related purposes. Journal of Media Education, 11(2), 5–23.

2 Li. (2021). Employee self-development or cyberloafing? The effects of occupational future time perspective on employee's behaviors. Journal of Human Resource and Sustainability Studies, 9, 30–42.

3 Gökçearslan, et al. (2023) Emotion regulation, e-learning readiness, technology usage status, in-class smartphone cyberloafing, and smartphone addiction in the time of COVID-19 pandemic. Journal of Computer Assisted Learning. 1–15.

4 Horwood, et al. (2021). Emotion regulation difficulties, personality, and problematic smartphone use. Cyberpsychology, Behavior and Social Networking, 24(4), 275–281.

5 Lim. (2002). The IT way of loafing on the job: Cyberloafing, neutralizing andorganizational justice. Journal of Organizational Behavior, 23(5), 675–694.

过电脑连接互联网,伪装成在真正工作,实际是在网络上浪费和消耗工作时间并降低工作效率的行为。可能大家更熟悉它的另一个俗称——摸鱼;最近中文互联网也流行着很多关于摸鱼的段子,例如"加班不是福报,摸鱼才是王道",往往能够引来打工人的会心一笑。

研究网络怠工的目的并不是为了消除它,事实上,由于它是智能手机上瘾、互联网上瘾的后果之一,也很难采取行动消除。研究者们认为,理解网络怠工的目的是使组织可以在生产力和员工的需求之间取得平衡。在工作中过于严苛限制网络使用可能对员工满意度和感知公平性产生消极影响,而对网络使用过于宽松则可能对生产力产生消极影响[1]。

自我调节的自我耗竭模型[2](the ego depletion model of self-regulation)认为,自我控制就像肌肉一样:使用后会疲劳,但休息后会恢复。网络怠工亦是如此:当员工的自我控制资源耗尽时,他/她们会进行网络浪费以恢复自我控制资源。一些和自我调节相关的人格变量,如冲动性、自我控制和尽责性,都和网络怠工有关。但计划行为理论[3](Theory of Planned

---

[1] Case, et al. (2002). Employee Internet management: Current businesspractices and outcomes. CyberPsychology & Behavior, 5(4), 355−361.

[2] Wagner, et al. (2012). Lost sleep andcyberloafing: Evidence from the laboratory and a daylight saving time quasiexperiment. Journal of Applied Psychology, 97, 1068−1076.

[3] Askew, et al. (2014) Explaining cyberloafing: The role of the theory of planned behavior. Computers in Human Behavior. 36: 510−519.

Behavior）则提出了不同的观点，它认为行为是由三个主要的先行因素决定：主观社会规范、态度和知觉行为控制。人们表现出网络怠工行为的原因很多，例如对他人网络怠工行为的感知、对工作中个人电脑（包括智能手机）使用的态度、对网络怠工的知觉行为控制，它们都会对人们实施网络怠工的意愿产生影响，于是高水平的网络怠工意愿最终导致网络怠工。这不仅针对雇员，学生接受教育的行为也是一样的。如果课堂上网络怠工的学生比较多，已经出现了智能手机依赖或网络依赖的问题，也缺乏对网络怠工行为的知觉行为控制（"上课好无聊啊，不知不觉就开始刷起抖音来了"），学生将网络怠工作为一种主动或被动从学习行为上撤离的行为，自然是很稀松平常的。

当然，上班摸鱼可以有无数种方式，网络怠工只是其中一种。在没有网络和智能手机的年代，有的人上班摸鱼也可以写出国际获奖的几十万字小说。网络怠工更具隐蔽性和成瘾性，并且互联网会带来信息过载（information overload）的严重问题。信息过载是指有太多有用和相关的信息，反而妨碍了信息的利用[1]；它和认知过载常常交替使用。认知负荷理论[2]（Cognitive LoadTheory）认为，为了最大限度地提高人类的认知性能，我们不应该用过多的信息超载自己的工作记忆能力。

---

[1] Belabbes, et al. (2023), "Information overload: a concept analysis", Journal of Documentation, 79(1): 144−159.
[2] Sweller. (1988), 'Cognitive load during problem solving: efects on learning', Cognitive Science 12(2), 257−285.

网络社交媒体为信息过载的发展创造了有利环境,无论是通过呈现多样化的内容,增加的信息来源,还是推送无关信息或广告。虽然大数据和人工智能的使用,能够尽量优化信息过滤和减少无关信息的推送,但这也进一步增加了信息的诱惑力和成瘾的可能。

谢丽·鲍曼(Sheri Bauman)提到了一个很有趣的例子[1]:"我首先在谷歌学术上做了一个搜索,结果显示从2019年至今发表的'信息过载'有2万个结果。当我用'新闻疲劳'作为搜索词时,产生了426 000 000个点击。此时我经历了信息过载,变得相当焦虑。显然,我不可能检查每个可能的来源。如果我忽略了一个重要的来源怎么办?我如何决定哪些资料是绝对有必要阅读的?我正经历着严重的信息过载。"对新闻的渴望是一种普遍的人类特征,它不仅仅能让我们获得知识,也满足了对"离奇和轰动"的娱乐需求。丰富的网站和社交媒体帖子可以实时更新或观看,从而为公众提供即时信息,于是人类对新闻的渴望也得到了前所未有的满足。新冠疫情期间人们对于网络的使用更加频繁,因为了解情况是避免被致命病毒感染的渠道之一,而疫情的不确定性和恐惧也会促使人们更多地使用即时性强的网络媒体来收集信息。这也加剧了信息过载的问题,当信息输入超过人类的信息处理能力时,各种心理健康症

---

[1] Bauman, et al. (2023) Information Overload and Zoom Fatigue. In: Mental Health in the Digital Age. Palgrave Macmillan, Cham.

状很可能因此出现。人们对于信息过载的脆弱性可能包含信息处理能力、自我效能感、时间压力、在线时间等多种内在因素,也可能包含信息的特征和质量、信息来源等外在因素[1];而女性很可能受到信息过载的影响更大。

和新闻相关的信息过载也会导致新闻疲劳(news fatigue),尤其是负面的标题和(新冠疫情相关的)惊人的感染数据的昼夜更新,使得很多用户从阅读新闻中感到情绪疲劳和心理痛苦。虽然社交媒体可能主要用于和家人朋友沟通,但这些负面新闻也往往穿插在信息流中:接触的消极新闻越多,大学生群体中由此引发的担忧也越多,而这种担忧很可能促成了无望感[2]。新闻疲劳甚至还催生了一种被称为"标题压力障碍"[3](headline stress disorder)的非官方心理问题,指人们因为与网络新闻的频繁接触导致焦虑、抑郁、无望,以及对影响自己生活的事件没有控制感。这些压力同样也会带来情绪问题(如激动和恐惧)或身体症状(如胃肠道问题、免疫系统问题等)。而让事情更加糟糕的现状是,我们不仅要每天和大量

---

[1] Schmitt, et al. (2018). Too much information? Predictors of information overload in the context of online news exposure. Information, Communication & Society, 21(8), 1151–1167.

[2] Kellerman, et al. (2022). The Mental Health Impact of Daily News Exposure During the COVID-19 Pandemic: Ecological Momentary Assessment Study. JMIR Mental Health, 9(5), e36966.

[3] Rodriguez-Cayro, (2018). Here's how to tell if you have headline stress disorder – and how to protect yourself from it. Bustle.

的网络信息冗余搏斗,还要花大量时间精力去甄别假新闻。正像新冠疫情期间世界卫生组织总干事谭德塞(Tedros Adhanom Ghebreyesus)所说[1]:"我们不仅仅是在与大流行病做斗争,我们是在与信息大流行(infodemic)做斗争"。

除了新闻有信息过载问题,线上购物[2]和线上短视频使用[3]同样也存在信息过载的问题——事实上,信息过载恰恰为商家提供了刺激消费者冲动消费和沉迷的契机。当然,这个话题也早就是老生常谈了,我也就不再创造信息过载了。

总之,摸鱼虽好,但宜远离网络和手机。

"要摸鱼的话,不如学习小黑,来摸一条真鱼吧。"蒂凡尼笑着说。

"这条鱼可真不小。"我也忍俊不禁起来。

---

1 The Lancet Infectious Diseases. (2020) The COVID-19 infodemic. The Lancet. 20(8): 875.
2 Zhang, et al. (2023) Online Impulse Purchase in Social Commerce: Roles of Social Capital and Information Overload. International Journal of Human-Computer Interaction.
3 Chung, et al. (2023) Perceived Information Overload and Intention to Discontinue Use of Short-Form Video: The Mediating Roles of Cognitive and Psychological Factors. Behavioral Sciences. 13(1): 50.

·你被科技入侵了吗?

如前所述,疫情使得远程办公在全世界范围流行起来,这很可能会使得一种长久以来就存在的压力问题更加严重,那就是工作-家庭平衡问题。居家办公给一些人带来了便利:一方面不再为长时间且拥堵的通勤压力苦恼,另一方面也不用担心频繁和人接触增加感染疾病风险——但这也意味着工作借由数字技术侵入到了家庭。过渡到家庭办公室和使用社交媒体应用程序与同事互动,可能会挑战雇员在工作和私人生活之间设置边界的能力:私人生活可能被工作任务和会议打断,而工作会议则被家庭生活干扰;家庭和工作之间的界限模糊,也会无形中延长员工的工作时间,却没有获得额外的补偿[1]。

工作与家庭冲突是职场压力研究的一个常见话题。我们常常提到理想的工作状态是保持工作-生活和工作-家庭的平衡,这种平衡意味着个体能够在工作和私人生活之间进行时间和注意力的和谐分配;而如果做不到平衡,则工作对家庭、家庭对工作都可能产生干扰,导致冲突。元分析[2]显示,超额时间要

---

[1] Adisa, et al. (2017)What happened to the border? The role of mobile information technology devices on employees' work-life balance. Personnel Review, 46 (8): 1651-1671.

[2] Amstad, et al. (2011) A meta-analysis of work-family conflict and various outcomes with a special emphasis on cross-domain versus matching-domain relations. Journal of Occupational Health Psychology, 16(2): 151-169.

求（如996）是导致工作干扰家庭的主因，而多子女则和家庭干扰工作有关；此外心理压力因素，如角色超载，即认为在家庭或工作角色中有太多任务，却没有足够完成任务的时间——也和工作-家庭冲突有关。工作和家庭冲突的后果，就是工作中的幸福感降低、家庭满意度也降低，这也势必会影响我们对于生活的满意度和主观幸福感。

克拉克（S. C. Clark）提出了工作-家庭边界理论[1]（work-family border theory）：人们在工作中追求的典型目的包括金钱和成就感，而在家庭中通常追求亲密关系和个人幸福。工作和个人生活被看作是两个被边界分开的生活领域，当两个领域比较接近的时候，两个领域的目的会比较相似，为了实现这些共同目的而鼓励的行为类型和思维方式也相似，此时较弱的边界即可维持平衡；而当两个领域相距较远时，工作中的自我和私人生活中的自我差距也会比较大，则需要较强的边界来保证工作-家庭平衡。较强的边界可以通过设定工作时间、远离家庭的独立工作场所，以及为每个领域所设置的不同思维、感觉和行为模式规则来实现。在理想情况下，如果工作和个人生活的领域比较接近，两者甚至可能会相互促进，在家庭里获得的经验、技能、知识和网络在工作中会变得有用（例如友善的同事关系也可以成为几个家庭之间的相互支持），反正亦然。边界

---

[1] Clark. (2000) Work/family border theory: A new theory of work/family balance. Human Relations, 53 (6): 747-770.

理论告诉我们,工作和家庭并非总是会相互拉后腿的,它首先取决于人们对工作和家庭的不同期许以及奋斗目标,然后取决于人们对于边界的灵活设置和执行。

远程工作和家庭办公室则为这种工作-家庭边界带来了挑战,尤其是那些需要较强边界的人。社交媒体和数字化科技可能进一步加剧了这种挑战——由于社交媒体快速、易得、可以全天候访问,人们可能会因为社交媒体的无所不在所导致的无休止联系和信息过载而出现疲惫,从而模糊了工作和私人生活的边界[1]。这种技术和社交媒体的入侵可能诱发技术压力[2](technostress),指人们因为使用技术和与技术使用相关的要求而经历的压力;由于互联网时代技术的更新换代很快,即使是熟练的技术用户也可能面临由软件更新迭代或新工具引起的压力,而新用户则压力更甚。科技入侵导致的技术压力会威胁到员工的资源和幸福感,例如远程工作可能会减少从工作场所获得的社会支持,而连续的在线会议也可能让人疲惫,出现同时执行多个任务、注意力不集中、更加在意自己身体意象(毕竟要天天对着摄像头中的自己)等问题。当工作-家庭的边界被破坏,工作很容易溢出到家庭的自由时间,导致工作和家庭冲

---

1 van Zoonen, et al. (2016) Social media's darkside: Including boundary conflicts. Journal of Managerial Psychology, 31(8): 1297−1311.
2 Tarafdar, et al. (2019) The technostress trifecta-techno eustress, techno distress and design: Theoretical directions and an agenda for research. Information Systems Journal, 29(1): 6−42.

突。这会对家庭和工作都产生不良影响,例如带来家庭纠纷和工作倦怠[1]。

我们可以使用下面6个简单的问题[2]来自测是否受到了科技入侵和技术压力的影响。

(1)由于社交媒体,我被迫做超出自己能力范围的工作;
(2)由于社交媒体,我被迫在紧张的时间安排下工作;
(3)我被迫改变自己的习惯以适应新的社交媒体服务;
(4)由于社交媒体,我必须随时待命;
(5)我觉得自己的个人生活被社交媒体入侵;
(6)我必须牺牲自己的时间来保持对新社交媒体服务的关注。

一篇纵向研究[3]比较了新冠疫情之前和期间的芬兰雇员们技术压力和工作倦怠的水平,发现社交媒体沟通工具被用于正式工作场合确实和更高的技术压力相关,尤其是在社交媒体重度使用者群体中,技术压力和工作倦怠的得分都更高。不过如果在危机前人们已经习惯了在工作中使用社交媒体沟通工具,

---

1 Maslach, et al. (2001) Job burnout. Annual Review of Psychology, 52(1): 397–422.
2 Ragu-Nathan, et al. (2008) The consequences of technostress for end users in organizations: Conceptual development and empirical validation. Information Systems Research, 19(4): 417–433.
3 Oksanen, et al. (2021) COVID-19 crisis and digital stressors at work: A longitudinal study on the Finnish working population. Computers in Human Behavior. 122: 106853.

他/她们的技术压力和工作疲劳反而有所减少;这可能是由于居家办公给了这些人更多的工作自主权和对工作的控制权,也节省了上下班过渡的时间,留下了更多的时间休息休闲。因此技术入侵对于技术熟练用户和新用户的影响是有很大区别的。

这个纵向研究中也提到,网络霸凌(cyberbullying)同样是技术压力的一个预测因素。自从进入互联网时代和智能手机时代后,数字技术所带来的潜在风险(尤其是针对儿童青少年)就一直是人们聚焦和争论的重点话题。我们知道,文字是有力量的,积极和鼓励性的语言可以使人获得疗愈(例如心理咨询),而消极和侮辱性的语言则可能毁灭一个人的内心。在日常生活中,"键盘侠"们只图一时口快却导致原本就患有抑郁症等心理障碍的高度敏感人群轻生的悲剧一直都在发生着。更令人担忧的是,随着技术的进步,分享高清图片和视频也变得更容易,线上线下世界的联系变得更加紧密,心存恶念的人进行网络霸凌的方式也更多样了。报复性色情(revenge porn)是指情侣间拍摄的十分私密的具有性爱性质的图片和片段,当情侣关系出现问题或分手时,往往会由一方公开发布到网络上,以达到羞辱和报复另一方的目的。被报复的对象往往是女性,在各个年龄段,受害的女性人数都在男性的3~7倍[1]。受害女性在重新建立伴侣信任、焦虑、抑郁、自杀的想法和创伤后

---

1 Bauman, et al. (2023) Digital Aggression, Cyberbullying, and the Impact of COVID-19. In: Mental Health in the Digital Age. Palgrave Macmillan, Cham.

应激障碍的症状方面都出现了持续的问题[1]。

利文斯通（S. Livingstone）等人的研究[2]中提到，数字风险具体可以表现为四种类型的风险：（1）内容相关的风险；（2）接触相关的风险；（3）行为相关的风险；（4）其他风险（例如，安全、商业）。

内容相关的风险最常见的是色情或暴力内容，在利文斯通的调查中，14%的9~16岁儿童青少年报告他/她们曾在网上观看过性爱内容；这些内容令人不安，孩子们并没有主动寻找，而是无意中遇见或屏幕上突然弹出的。发生在2023年夏的两个热点新闻也许最能体现这种内容相关的风险。网名"杰克辣条"的网红博主公开发布处刑式虐猫视频，并贩卖暴力短视频；BBC国际频道调查小组"BBC之眼"揭露了一群有组织的性侵罪犯在公共交通工具上对女性实施猥亵和性侵行为，并拍摄成短视频放在网上出售。为何这些不法拍摄的视频能够有金钱价值和流通市场，这是一件令人细思极恐的问题。这些流传在互联网上的罪恶产业链昭示着人性的黑暗和残酷，在金钱交易的背后，生命被剥夺，尊严被践踏，人性被扭曲，法律被藐视。自然，它也早就不只是单一的数字风险问题。

与接触有关的风险则包括有人在网上虚构人物，试图进行

---

1 Bates. (2017). Revenge porn and mental health: A qualitative analysis of the mental health effects of revenge porn on female survivors. Feminist Criminology, 12(1), 22–42.

2 Livingstone, et al. (2013). In their own words: What bothers children online.

不适当的线下接触（尤其是性接触）。儿童在这个过程中很容易成为"被狩猎"的目标。此外，也有很多有针对性的网络骗局。与行为有关的风险则包括攻击行为，包括网络上的匿名言语或隐私图片骚扰、黑客攻击或滥用个人数据、网络造谣、泄露用户的照片图像个人信息（所谓的"人肉"曝光）等。

网络霸凌正是一种常见的与行为有关的风险。一个最新的调查结果[1]显示，在2023年的美国青少年调查中，87%的受访者表示曾目睹过网络霸凌，包括外貌攻击（61%）、种族歧视（17%）、性行为侮辱（15%）。网络霸凌往往和消极的心理健康后果有关，如抑郁、悲伤、社交焦虑、低自尊等，也可能增加学生的缺席率，造成成绩下滑。遭受网络霸凌的人有可能比经历过线下欺凌的人更容易抑郁，这可能是因为网络霸凌更无情，且更具有隐蔽性，受害者更不容易获得实质的帮助和支持。

近一年来，我们听到了太多这种本不该发生的悲剧。2022年4月8日，给外卖小哥打赏200元的女性在网暴中不堪重负结束生命；2023年2月22日，拿到研究生录取通知书、即将展开全新生命篇章的郑灵华，因为染了粉红色头发遭到网暴而选择离开了这个世界；2023年6月2日，刚刚因车祸失去了孩子、却被网友因为穿着而网暴的痛苦母亲，也失去了最后的生存意

1　Broadband Search (2023). Key Internet usage statistics in 2023 (including mobile).

志。每当悲剧发生时，我们都纷纷谴责网暴者，但网络暴力却屡禁不止。网络的匿名性淡化了人们的道德感和责任感，减弱了对受害者的同情和怜悯，更藏匿了人性的善良和温暖。

我常常在思考，这些网络暴力背后真正的推动力，究竟是人性的恶意，是环境压力导致人们迫切需要寻找发泄对象，还是人生的无意义感让他/她们迫不及待看到其他人被毁灭？即使我们找到了这些真正的背后推手，我们有办法制止和改变吗？

但与其等待着网络生态逐渐变好，祈祷着自己"有幸"不被网络暴力者盯上，不如主动采取行动，保护好自己和身边重要的人。网络霸凌固然可怕，信息过载虽然令人头痛，网络怠工虽然让人烦恼，科技入侵虽然蚕食着我们的生活空间，但它们都有一个明显的局限性——它们都极其依赖网络的存在。

那么，我们呢？我们真的有必要任何时候都保持在线——从而让自己成为上述种种压力受害者的概率更高吗？

"我看你倒是挺适应家庭办公室的，为了上网课还专门把工作场所精心布置了一番。"蒂凡尼正惬意地趴在我专门为她们准备的我办公桌上方的吊床里，耷拉下一只前爪，隐藏在办公桌上方垂吊下来的各色紫藤花枝中，睁大眼睛望着我。而在她身后，小黑也好奇地蹲在我的电脑上方的台阶上，从密集的紫藤花枝中探出头来，仰头望着蒂凡尼。

"毕竟疫情期间学生压力也挺大的，看到这样的背景应该也会感受到一些愉悦。更何况你们几个也会入镜，能够一边上课一边云吸猫，还是挺减压的。嘿嘿。"我向她解释着我的用意。

"当然更重要的是，虽然我的办公空间很小，也值得用心装饰和打扮，这样我工作的时候也能保持心情愉悦，看电脑屏幕累了也可以盯着你们或者花朵发发呆。这也是控制生活的一种体现嘛。"我一边说着，一边抱起了小黑，把他放进了另一个空中吊床里，"别忘了你们俩可是我的工作激励师，要专心干活哦。"

· 如何与我的智能手机"和平分手"？

如果读到这本书的你是像我一样的80后，或者是见证过智能手机崛起的90后，你可能会对此深有体验：互联网侵入到我们生活的每个角落，并不是从电脑开始，而是从智能手机的普及开始。虽然网络最早的媒介是电脑，但因为电脑的体型庞大，我们只能坐在桌子前使用（即使是便携式笔记本电脑也得坐着打字）；这样的姿势很容易让我们感到疲劳，我们也会不得不停下来休息。但智能手机改变了一切。有了它，你坐着也在低头，躺着也在低头，走路也在低头，甚至在和人交谈的过程中，也可以随时掏出口袋里或者本来就拿在手上的手机，立刻进入网络世界里。

智能手机当然是有无数的优点。它让我们突破了时间和空间的限制，对一个热爱学习的人来说简直是天大的福报，我们可以在任何时间和任何地点学习任何知识，而知识的分享也变得更加便利和快捷；我们可以充分利用好碎片化时间，即使只有5分钟休息时间，只要掏出手机，打开社交媒体平台，我们就可以浏览大量信息。但这种便利和快捷也造就了智能手机的成瘾特性，以及随之而来的网络怠工、科技入侵和信息过载。正因为智能手机的这种两面性，它对我们的时间管理和手机使用规划能力提出了更高的要求。以我自己为例，我必须承认和赞美我的手机带给我生活的美好和便利（更何况它还知道了我太多的个人隐私），但我也不得不认识到，它给我的颈椎、视力和睡眠质量带来的沉重压力。

或许，是时候下决心和我的手机"分手"了。

凯文·罗斯（Kevin Roose）的故事提供了一个十分具有借鉴性的案例示范。作为手机重度使用者，罗斯一度平均每天要花5小时37分钟看手机，每天拿起手机大约101次[1]。"我的症状都是典型的：我发现自己无法阅读书籍、观看完整的电影或进行长时间的连续对话。社交媒体让我愤怒和焦虑，甚至我曾经觉得令人放松的数字平台也没有帮助。我尝试了各种方法来控制自己的手机使用，比如每个周末删除推特，将屏幕调成灰度并安装应用程序拦截器。但我总是复发。"在《如何与手机分手》一书的作者凯瑟琳·普赖斯（Catherine Price）的帮助下，罗斯尝试使用了一系列方法来戒断手机成瘾：

（1）设置心理减速带

罗斯在手机上绑了一根橡皮筋，并将锁屏更改为每次解锁手机时显示三个问题："为什么？为什么现在？还有别的选择吗？"这样每次他在使用手机之前都必须停下来思考1秒。

---

[1] Rose. 'Do Not Disturb: How I Ditched My Phone and Unbroke My Brain.' New York Times. Feb. 23, 2019.

(2) 练习无所事事

罗斯意识到自己一直在试图用手机填满所有时间。"我注意到，每次刷牙或走出公寓大门时，我都会拿起手机；出于某种病态的原因，我总是在我把信用卡插入商店的芯片读卡器且卡片被接受之间的3秒窗口期间检查我的电子邮件。我每当有空闲的时候都会用手机，在电梯里或无聊的会议上。我在地铁上听播客和写电子邮件。我在折叠衣服时甚至使用一个应用程序假装冥想。"

罗斯开始练习观察周围的建筑物、环境和人群，而让手机静静地躺在口袋里。普赖斯曾警告过，当人们不再用手机分散注意力时，可能会感到存在主义的困惑——更加关注周围环境会让自己意识到有多少其他人用手机来应对无聊和焦虑。"一旦你环顾电梯四周，看到那些拿着手机的'僵尸'，你就无法忘记手机对我们的奴役。"

(3) 精简手机应用

罗斯查看了所有的应用程序，保留那些让自己感到快乐并有助于养成健康习惯的应用，删除了那些没有这些特点的应用——也就是推特、脸书和所有其他社交媒体应用，以及新闻应用和游戏。主屏幕精简到只有必需的应用：日历、电子邮件和密码管理器。

(4) 手机存放的位置很重要

研究表明，不把手机放在卧室充电的人比那些这样做的人更幸福。普赖斯把手机放在壁橱里充电。而手机成瘾重症患者罗斯则购买了一个带锁的小型保险柜，让手机在保险柜里过夜。

（5）参加替代手机习惯的活动

罗斯报名参加了陶艺课程：它需要手动操作，要求连续几小时的集中注意力，而且会弄脏你的手，这是一个不去瞎弄昂贵电子设备的好办法。但作为记者的罗斯仍然觉得，虽然断开联系的感觉很好，错过重要事情的忧虑却一直存在——没有人不喜欢随时获取新闻的便利。此时，罗斯的妻子告诉他，自从他开始手机戒断之后在家中更加专注和关注，因为他开始花更多时间倾听她，而不是分心地点头或者同时查看电子邮件和推文。罗斯开始认识到，生活和幸福感并不取决于和手机的不断连接，也有很多手机和网络信息以外的渠道和方法去享受幸福，增强人与人的联系。

（6）进行"分居实验"

罗斯进行了一个为期48小时的实验，期间不允许使用手机或其他任何数码设备。他在郊区租了一间远离网络的房间，告知编辑自己将在周末不上线，然后就出发了。没有手机给他的旅途带来了一些麻烦，没有谷歌地图，他不得不人工问路，而没有美国版的"大众点评"，他难以找到开放的餐厅。连续两天，他享受着19世纪的闲适，感觉神经放松，注意力持久了起来。于是他读书、做填字游戏、点燃篝火看星星。

罗斯突然产生了愤怒的情绪，这里的描述很有趣。"我也感到一丝愤怒——对自己的愧疚，多年来错过了这种具有恢复性的无所事事；对硅谷的工程师们的愤怒，他们利用我们的认知弱点来获取利润；对整个手机产业复合体的愤怒，他们让我们相信一个六英寸的玻璃和钢制矩形是体验世界的理想媒介。"

在30天的手机戒断过程中，罗斯每天的平均手机使用时间从5个多小时减少到1个多小时，每天只拿起手机约20次。罗斯仍然使用手机查收电子邮件和发送短信，也经常使用笔记本电脑，但他对社交媒体没有渴望，常常几小时甚至更长时间不看任何屏幕。普赖斯对他说："你的生活取决于你关注什么。如果你想把时间花在视频游戏或推特上，那是你的事——但这应该是一个有意识的选择。"

罗斯也开始学会以一种有距离的方式重新欣赏智能手机："就在我口袋里，有一个可以召唤食物、汽车和数百万其他消费品送到我家的设备。我可以与我曾经遇到过的每个人交流，创建和存储我整个生活的照片记录，并通过几下轻扫就能接触到整个人类知识库。"智能手机确实是一种神奇的物品，但讽刺的是，<u>短短几年的时间，我们就设法将这些了不起的人类伟大发明变成了引发我们压力的累赘</u>。

作为重症手机使用者的罗斯在有经验人士的帮助下，采取了相对极端的手机戒断方法，例如卸载了所有社交平台和彻底体验信息时代之前的生活——这一点相信90%的人都做不到，包括我。但他提供的很多方法和技巧确实很有效。归根到底，智能手机只是一个很方便的工具。之所以我们需要和它"分手"，是因为我们的生活已经变得过度依赖它，和它的相处时间过长，甚至使得我们冷落了身边的人，也妨害了我们分配时间给那些真正对我们身心有益的事情。更重要的是，我们都知道智能手机的长期使用会给我们的健康带来负担，而我们的工作和学习已经越来越离不开智能手机，那么我们是否还要在工作和学习之外，继续无休止地使用它呢？

罗斯选择了陶艺作为工作之余的休闲爱好，从而摆脱对智能手机的依恋；对我来说，健身也是一个非常棒的选择。尽管出于安全考虑我会把手机带进健身房，但在运动过程中我是没有任何时间和精力去看手机的——高强度的运动过程中休息时间本来就短，而喘着粗气和肌肉颤抖的我也是没办法拿手机的。绘画是另一个安静的选择，无论是油画、水彩还是素描，当你的手被占据，你自然也就会放下对手机的执念。重点是培养那些和手机、网络无关的减压休闲爱好。

如果你的手机依赖程度不算很深，只是为了更加提高你在工作学习中的专注度，减少手机对你的干扰，也可以使用一些专门用来减少手机使用时间的手机小程序（这听上去真的有些讽刺）。例如有些程序会将你没有使用手机的时间转化为积分奖励；有些程序可以设置不用手机的时间段，只要这些时间段不受干扰地达成了，就可以长成一棵大树甚至森林。

最后，拒绝信息过载对情绪调节尤其是睡眠的质量十分重要。自从开始养猫以后，每天晚上我都会被喜欢夜间跑酷的几只猫咪所困扰，一方面我喜欢他们温暖柔软的小身体和听起来十分减压的呼噜声伴随我入睡，另一方面他们时睡时醒、夜里总是会有使不完的精力也会严重干扰我的睡眠。最终，我不得不忍痛将他们晚上都关在客厅或阳台，从而让自己能够睡个好觉。与此同时，我却把另一个对我的睡眠造成严重干扰的物品——智能手机，天天放在枕边，而丝毫不考虑它的屏幕蓝光、它内含的社交平台里那些令人上瘾和忘记时间的小程序、它所连接的网络上那些令人不安和焦虑的信息，与我的失眠问题的直接关联。

当我终于下定决心，让我的手机每天晚上在客厅里和我的猫咪们作伴时，我终于难得睡了个好觉。

~~~~~~~~~~~~~~~~~~~~

"讨厌，这就是你把我每天晚上和那三个家伙关在客厅的原因吗？"蒂凡尼蹲坐在酒吧椅上，一脸的忿忿不平。

"对啊，你忘了你晚上有多么喜欢和哥哥姐姐们打架了吗？"我至今记得睡得正香被几只脚爪在肋骨上乱踩然后被痛醒的"创伤记忆"。

"这是猫咪的天性呀,人家忍不住嘛。"蒂凡尼马上露出一幅特别乖的表情,"我保证今晚绝对不会在你身上脸上乱踩了,让我上床跟你一起睡觉嘛。"

"我不会再被你这副模样欺骗了!"我赶紧捂住双眼,一溜烟逃进了卧室。

·我如何不被人工智能取代?

直到去年,人工智能似乎还是距离我们很遥远的话题。2014年阿尔法狗(Alpha-go)研究计划启动,仅仅两年的水平便从业余棋手到世界第一,然后宣布退役。尽管在2016年、2017年不断掀起浪潮,但对于普通人来说,好似看武侠小说里的高手对决一样,精彩绝伦,却又和我们的世界如此遥远。"华山论剑"胜利之后,阿尔法狗宣告退役,就好像那些在巅峰急流勇退的高手们一样,从此在江湖只留下传说。

但实际上,从2018年开始,大型语言模型(large language models,LLMs)就已经在暗暗蓄力,准备一统江湖了。我无意对大型语言模型的机制冒充内行,实际上我和很多非计算机领域或语言学领域的人一样,在ChatGPT出现之前都对大型语言模型并不熟悉。但可以确认的是,一个能够理解人类语言并做出相应反应、人们可以很容易和其进行交流沟通、它也能够实时提供信息反馈和知识补充的人工智能雏形,已经让大多数人体验到了掌握海量知识资源并且能够有效避免信息过载的甜头。尽管这个雏形由于训练集的局限性依然存在很多问题,例如知识库并不能实时更新、信息的甄别和过滤依然需要继续完善(各种拼凑的反事实甚至能够以假乱真),但依然瑕不掩瑜,能够成为一个非常有效的学习和思考辅助工具。

大型语言模型的发展让人工智能深入人们的生活似乎并不是偶然。拉斐尔·布雷塔斯(Rafael Vieira Bretas)等人在2020年发表的一篇解释了语言和进化关系的论文[1]能够更好的说明这一点。在进化的历史上,动物脑机制已经发生过两个阶段的变化,期间自然选择作为主要的进化力量,是基因突变和环境变化的被动组合。第一阶段的转变发生在灵长类动物大脑功能区域增加后,这引发了灵长类生物与环境互动方式的质变,灵长类和古猿出现了相对原始的语言交流方式。但要从动物语言向人类语言转化,自然选择已经无法再成为纯粹的进化推动力,人类也无法摆脱生长原理的约束。

---

[1] Bretas, et al. (2020) Phase transitions of brain evolution that produced human language and beyond. Neurosci Res. 161: 1–7.

于是，进化学家和人类学家提出了一种新的进化力量——三重生态位建构理论[1]（the theory of triadic niche construction），即以生态/环境、神经、认知三个维度的生态位共同建构和促进的进化方式加速了人类的进化，从而成为主动的进化力量，也帮助人类跨越了第二个进化阈值。首先，人类语言的语义丰富性和句法复杂性远远超过非人类动物，这可能源于人类大脑新皮质的体积和复杂性，它们提供了必要的认知支持。其次，人类大脑的扩张发生的非常迅速，仅仅150万年内就扩张了3倍，而同时期其他类人猿的大脑则几乎保持不变——这种快速扩张很可能推动了人类技能的相变式发展，使得人类语言能力与石器工具技术能力共同进化，完成了第二次阶段转变。也就是说，人类进化的特点是持续不断地添加新的认知方式，包括工具的制造和使用以及语言能力，并得到大脑扩张和相应新功能区域的支持。这些扩展的大脑功能推动了人类生态领域的迅速而彻底的变化，而这些变化又需要进一步的大脑资源来适应它们。

但现阶段的人类又面临着一个新的难以跨越的阈值，我们的生活方式和环境很难再有根本性的改变，能够帮助人类完成从第二阶段向第三阶段转变的动力是什么？布雷塔斯认为，克

---

[1] Iriki, et al. (2012) Triadic (ecological, neural, cognitive) niche construction: a scenario of human brain evolution extrapolating tool use and language from the control of reaching actions. Philos Trans R Soc Lond B Biol Sci. 367(1585): 10–23.

服增长限制的高效可行方法正是借助人工智能扩展人类的生态位。人工智能技术的出现创造了能够与人类大脑连接、补充甚至部分替代的认知工具，它可以作为一个统一者，将不同领域的认知、技术化和环境融入到一个相互连接的架构中，从而加速三重生态位的建构速度，甚至接近到无限水平。最终，借助人工智能，人类大脑功能的阈值容量将被超越，在未来不久引发下一种更高级的语言模式。这种新的"语言"模式结合了人类自身的语言和人工智能的编程语言，而能够让两种语言之间相互沟通和理解则正是这种新语言诞生的第一步。

尽管布雷塔斯从进化的角度为我们描绘了一个十分美好的人类进化远景，我们也不能不对人工智能所带来的隐忧视而不见。施瓦布在对第四次工业革命的展望中提到过技术不平等所带来的社会问题：创新的最大受益者往往是知识和物质资本的提供者，即创新者、股东和投资者，这会造成依赖资本和劳动的群体之间财富差距的进一步扩大。技术正是导致高收入国家大多数人收入停滞甚至下降的主要原因之一：对高技能工人的需求增加，而对教育程度较低和技能较低的工人的需求减少；结果就是就业市场在高端和低端有强劲需求，但中间层次的就业岗位空洞化。因此很多工人感到失望，担心自己和子女的实际收入将继续停滞不前。而世界各地的中产阶级也会越来越感到普遍的不满和不公平。

我们也不难理解，为什么人群中普遍存在技术恐惧

(technophobia)。每一次工业革命都伴随着技术的发展,而每一次技术的发展都会有牺牲者。人们畏惧技术的发展,根本原因也是担心自己会成为那些被牺牲的对象,无论是收入的改变、社会阶层的改变还是生活方式的改变,这些改变都令人焦虑不安。

施瓦布写道:"一个只能有限接触中产阶级的、赢者通吃的经济是导致民主衰败和荒废的原因。"但他忘了提及,技术的发展同样会拉大富裕与贫困国家之间的差距。在国际货币基金组织2020年发表的文章[1]中提到,新技术可能使更多投资转向已经实现自动化的发达经济体,从而拉大富裕与贫困国家之间的差距。这进而可能对发展中国家的就业状况产生不利影响,对其不断增长的劳动力(欠发达经济体的传统优势)产生替代而非补充作用。人工智能首先替代的是那些技术非熟练的劳动力,这对于非熟练劳动力相对丰富的发展中国家来说十分不利,可能会造成其贸易条件及国内生产总值(GDP)的永久下降。

技术的发展和人工智能的出现已经成为一个势不可挡的事实,对它的恐惧和担忧并不能改变这个事实。虽然每一次技术的发展都会有牺牲者,但能够吸取教训、采取相应的措施保护那些最容易受到伤害的人,才是一个成熟健全的社会和政府

---

[1] Alonso,et al. (2020) "人工智能如何拉大富裕与贫困国家之间的差距"。国际基金货币组织。

部门应该做的事情。技术恐惧和技术压力都是真实存在的，而对技术本身的不了解和不熟悉更会加深这种恐惧和压力。但很显然，让每个人都去深入学习技术也是不现实的——人类文明应该鼓励人们发挥自己的不同兴趣爱好和技能长处，从不同的角度来建设人类社会，而不是逼着所有人都成为程序员。更何况，也不是所有人都适合掌握和使用机器语言，这又会造成新的不公平。如何开发和鼓励新的工作岗位，让技术非熟练人群也能够获得职业发展和生活幸福，尽量让人们都能享受到科技带来的便利而不是伤害，应该是今后的政策制定者们重点关注的问题。

对个人来说，如果我们有能力学习和使用大语言模型，那么不妨尽早开始熟悉和了解它。人工智能作为人类大脑的拓展工具，对它的创造性使用同样可以拓展我们自己的职业领域和技能领域。以我所熟悉的心理学领域为例，蒂洛-哈根多夫（Thilo Hagendorff）在2023年提出了一个新的机器心理学[1]研究领域：既然人工智能号称接近人类的智能，那么心理学的研究对象就不应该仅仅局限于真实的人类，心理学家们同样也可以用研究人类的方法来研究人工智能，评估人工智能和人类心智到底有多么接近。事实上，就在最近两年，已经有大量实

---

[1] Hagendorff (2023) Machine Psychology: Investigating Emergent Capabilities and Behavior in Large Language Models Using Psychological Methods. arXiv: 2303.13988v2.

验室对基于GPT-3在内的多种大型语言模型进行了多种心理学实验,包括心理判断和决策、心理理论、人格、归纳推理、智力测试、隐喻理解、无私和自私行为、道德判断等。而随着增强型大语言模型或多模态大语言模型的出现,新的人工智能版本已经可以处理图像、音频和视频文件,心理学的研究设计也可以更加复杂。至少在心理学领域,本就分支众多、范围甚广的心理学研究领域,在人工智能的助力之下,研究问题又加倍了。

截至目前,人工智能还是心理学领域的研究对象,也许我们还不用担心被它所取代。以我的研究兴趣为例,如果人工智能能够感受到压力和需要用到的情绪调节能力,那也已经证实它和人类区别不大了。而如果有一天,研究对象能够彻底取代研究者,那么人类的科技也早就已经发展到了超越我想象的地步,我也无需为这些我想象不出来的未来而担忧。当然,心理学并不是只有研究;研究心理学的重要原因,还是它能够更直接地服务于人类自身。人工智能除了能够成为学习和科研的工具,它也可以辅助心理咨询师,对来访者进行"谈话"治疗。

卡尔布林(Per Carlbring)在一篇2023年发表的讨论Chat-GPT和人工智能协助治疗的指导手册[1]中提到,人工智能可以

---

[1] Carlbring, et al. (2023). A new era in Internet interventions: The advent of Chat-GPT and AI-assisted therapist guidance. Internet Interv. 11; 32. 100621.

作为改进自动化治疗的一种方式,例如以对话代理的形式集成到线上的心理治疗平台上,作为一位客户全天候可用的虚拟心理教育教练,甚至扮演心理治疗师的角色,给予建设性的反馈和提出临床问题,也可以在分析负面自动思维或不适应的核心信念时直接帮助客户。

使用人工智能的一个局限在于,由于缺乏人类的共情能力、情感智能和个人经验,在心理咨询中各种情感因素可能很难通过非语言线索来传达和改变。但人工智能可以学习如何表达类似共情的话语,并且人类对于人工智能的情感表达的期待本来也不高,有可能在一定程度上弥补这种局限。阿希什·夏马尔(Ashish Sharma)的团队进行了一项很有意思的实验[1]:他们开发了一款人工智能应用"海莉"(HAILEY),即共情的人际协作方案(Human-AI coLlaboration approach for EmpathY)的英文缩写,而在基于文本的点对点心理健康支持中,海莉与人类的合作表现甚至优于人类。具体来说,心理互助平台用户的评估显示,46.8%的用户认为海莉+人类合作时表达出的共情程度相比仅有人类时更高,也有15.7%的用户认为两者差不多。而使用一个自动评估共情水平的共情分类模型进行评估后显示,海莉+人类合作的共情反应程度要比仅有人类时高

---

[1] Sharma, et al. Human-AI collaboration enables more empathic conversations in text-based peer-to-peer mental health support. Nat Mach Intell 5, 46-57 (2023).

19.6%。这充分证明了经过专门训练的人工智能即使在情感相关的书写表达任务中也可以有效帮助到人类。此外，一些客户也可能对人工智能的辅助或指导持积极看法，并很可能更加偏好人工智能，因为他/她们更喜欢自我管理，而不是寻求治疗支持[1]。一篇发表于2023年5月的论文[2]显示，当使用情绪意识量表（the Levels of Emotional Awareness Scale，LEAS）作为客观的、基于表现的测试来分析ChatGPT对20个场景的反应并评估其情绪意识表现，ChatGPT的情绪意识响应不但显著高于一般人群的表现，并且在一个月后的复测中发生了显著提升，几乎达到了量表的最高分数。这也证明使用ChatGPT进行简单的情绪识别和情绪响应对话是可行的。

事实上，早在20世纪60年代，约瑟夫·魏岑鲍姆（Joseph Weizenbaum）已经开发了第一款聊天机器人兼罗杰斯治疗师"伊莉莎"[3]（Eliza）。正因为心理咨询的核心即是"谈话治疗"，聊天机器人也能够成为传递此类支持和治疗的理想形式。到了2017年，更加现代化的人工智能聊天机器人"复制品"[4]（Replika）被用在悲伤辅导中，正如它的名字所显示的那样，它可以使用已故亲人的社交媒体内容创建一个数字副本，

---

1 Andrade, etal. (2014) Barriers to mental health treatment: results from the WHO world mental health surveys. Psychol. Med. 2014; 44(6): 1303-1317.
2 Elyoseph, et al., (2023) ChatGPT outperforms humans in emotional awareness evaluations. Front. Psychol., 14.
3 http://psych.fullerton.edu/mbirnbaum/psych101/eliza.htm
4 https://replika.com/

让缅怀亲人的生者继续与其互动。这个聊天机器人现在已经重新定位为一个友善的数字朋友，可以按照人们的需求进行非正式谈话治疗。正是有这些先例，而大语言模型也已经被证实具有一定的心理理论程度，它们也很有可能发展出从人类的角度理解世界的认知共情能力。按照我们之前提到的新的共情维度划分，ChatGPT很有可能在共情关注的维度上表现更佳。通过共情关注相关的训练和学习，ChatGPT完全可以习得改善人类幸福感的动机，而无需经历人类的情绪状态；它也可以有效地帮助人类进行人际情绪调节。

保罗·马斯登（Paul Marsden）还提到了一个令人深思的观点[1]：像ChatGPT这样的新型人工智能聊天机器人技术可能会教会我们关于人类意识本身的一些东西。怀疑者认为这种新技术仅仅是一种复杂的"自动完成"技巧，只是根据对话中预期的内容生成下一句话；但是人类本质又何尝不是复杂的"自动完成"机器呢？因为我们通常也会根据预期的言论或行为生成自己的回应。从这个角度来看，治疗师的角色是理解人们自己的"自动完成"，并在可能的情况下引导该"自动完成"朝着更健康的方向发展。而人工智能驱动的聊天机器人有很大可能比人类治疗师更擅长这种"自动完成"的引导。

人工智能也可能会改变心理咨询因为昂贵收费而只能面

---

[1] Marsden (2023) 'Five reasons why ChatGPT is the future of digital mental health support'.

向富有群体的尴尬现状。低收入的群体可能承担着更高的心理社会压力和心理困扰，也更需要专业人士提供的心理支持。但高额的心理咨询收费却很可能将他/她们拒之门外。就像智能手机的普及一样，人工智能技术在将来也应当可以成为为所有人提供便利的工具。人工智能能够24小时在线，能够对所有来访者一视同仁，不会受到任何咨询师自身生理心理状态的影响，而一个训练有素的人工智能也可以整合大量临床经验和多种心理咨询流派的知识技巧，相比于经验不足的新手咨询师可能会更加专业。在一套健全的心理咨询体系设置下，人工智能也会更加遵守心理咨询的伦理制约，更适合接受资深督导师的监管（因为它根本不会隐藏任何信息）。它也会给心理咨询从业者们带来新的挑战——如果来访者认为人工智能比你更好，那么你对来访者提供的服务一定是哪里出了问题。

就在我撰写这个章节的时候，我看到了著名教育机构可汗学院（Khan Academy）创始人萨尔·可汗（Sal Khan）在TED演讲中分享的人工智能工具Khanmigo[1]。可汗学院是一家教育非盈利组织，一直坚持进行免费授课，推广教育公平的理念，这款基于GPT-4的教育工具也将在今后向全世界免费发行，有望成为所有孩子的专属私人教师。孩子可以在对话中向Khanmigo进行提问，而它也不会直接报出答案，而是通过循

---

[1] 多知网。(2023)"GPT-4不会解题？可汗学院创始人：那是没挖掘出AI真正的能力"

循善诱的方式帮助孩子寻找到答案。显然，和人类相比，人工智能的耐心和时间要充分多了。Khanmigo还有一个很神奇的功能，它可以进行角色扮演（就像ChatGPT）一样。例如，当孩子在学习莎士比亚的戏剧时，它可以直接扮演莎士比亚，以莎士比亚的性格角色来回答孩子的问题。教育作为一种重要的生活资源和压力应对资源，如果真的能够通过人工智能实现全面教育公平，会对我们的下一代产生十分积极的影响，也会推动着教育变革走向更深远的发展。

那么，心理教育是否也可以通过人工智能，帮助更多人提升心理素质呢？

相比于其他行业，心理行业尤其是心理咨询行业在面对人工智能的出现时，理论上是最不应该有被取代的危机感的。如果人工智能竟然会比人类自己更了解人类心理，更能共情人类，更能帮助人类战胜心理危机和提升主观幸福感——那心理学也没有存在的必要了。但我也认为，心理学从业者也应当和可汗学院一样，当很多其他行业的从业者都在努力钻研怎么通过人工智能大发横财的时候，我们更应该考虑的问题应当是怎么利用人工智能达到心理教育、心理援助和心理提升的公平，让那些最需要得到心理帮助的人们获得实质的帮助，通过无偿帮助更多的人来提升整个社会的主观幸福感和生活满意度——而不是在我们本有能力深入社会帮助人们的时候，只顾着谋取权力、金钱和地位。我也深信，这一点在中国是最有可能实现的，我们已经有过10年全面扶贫的经验，已经达成了2020年全面建成小康社会的令世界瞩目的伟大奇迹——这个奇迹的背后，和无数有着坚定信念和无私追求的人的努力是分不开的。但即使贫穷的现状被缓解，如果人们依然被各种环境压力造成的心理痛苦所折磨，人们依然无法摆脱心理的"贫穷"——也就是重要心理资源的匮乏。从这一点来说，"心理扶贫"也需要在"经济扶贫"之后马上跟上，才能更好的稳固这些年来的扶贫成果。

如果人工智能真的能够帮助我们达到这个目的，我倒是真心期待着自己被它所取代的那一天的到来。

在我解析人工智能这个问题的时候，蒂凡尼一直很安静。我能看出来这对她是个敏感话题，所以她不能发表任何意见。于是我也就一直自顾自的说着。

当我写完最后一个字的时候，我长长地舒了一口气，然后望向蒂凡尼。此刻她正站在窗户下面，沐浴着阳光，瞳孔细成一条线，翠绿色的眼

睛仿佛绿宝石一样澄净，清澈得仿佛能够倒映出人的灵魂。阳光透过窗户贴纸形成无数道辐射状的彩虹，而蒂凡尼正站在这些彩虹的中心，仿佛天使下凡一般。

"你的任务完成了吗？"我问她。

蒂凡尼点点头。

"那……你现在就要走了吗？"我刚问出口就开始后悔了。

"嗯。"

"就不能……再多陪陪我吗？"我鼻子有点发酸了。我开始后悔为什么当初不多设置一些问题。

"我不能，但是她可以留下。你放心，她会一直陪着你的。"蒂凡尼说完，开始进入发呆状态。

"咦，你不需要消除我记忆什么的吗？"话出口我更后悔了，这事儿不能提醒啊，我为啥这么老实。

我看到蒂凡尼从发呆状态中瞬间恢复过来，她似乎在笑："没事，我们评估过了，就算你说出去也没人会相信的。因为我什么也没有泄露，就算你写在书里，人们也只会当作幻想小说的情节——再说，就算在幻想小说里,这种情节都已经烂大街了。"

"那我就真的写进书里了哦!"我大喊着,眼泪有点不争气的在眼眶里打转。

"写吧,毕竟,这是属于我们的共同记忆呢。"随着蒂凡尼发出最后一个声音,她又重新陷入了安静的发呆状态。我轻柔地揽过她柔软的身体,温柔地抚摸着她的脑袋,轻声喊着她的名字。

只见蒂凡尼眨了眨眼睛,抬起头望着我,睁大了眼睛:"喵?"